JN288436

電子情報通信レクチャーシリーズ **C-6**

インターネット工学

電子情報通信学会● 編

後藤滋樹　共著
外山勝保

コロナ社

▶電子情報通信学会 教科書委員会 企画委員会◀

- ●委員長　　　　　　原島　　博（東京大学教授）
- ●幹事（五十音順）
  - 石塚　　満（東京大学教授）
  - 大石　進一（早稲田大学教授）
  - 中川　正雄（慶應義塾大学教授）
  - 古屋　一仁（東京工業大学教授）

▶電子情報通信学会 教科書委員会◀

- ●委員長　　　　　　辻井　重男（情報セキュリティ大学院大学学長／東京工業大学名誉教授）
- ●副委員長　　　　　長尾　　真（国立国会図書館長／前京都大学総長／京都大学名誉教授）
  - 神谷　武志（情報通信研究機構プログラムディレクター／大学評価・学位授与機構客員教授／東京大学名誉教授）
- ●幹事長兼企画委員長　原島　　博（東京大学教授）
- ●幹事（五十音順）
  - 石塚　　満（東京大学教授）
  - 大石　進一（早稲田大学教授）
  - 中川　正雄（慶應義塾大学教授）
  - 古屋　一仁（東京工業大学教授）
- ●委員　　　　　　　122名

(2007年4月現在)

刊行のことば

　新世紀の開幕を控えた1990年代，本学会が対象とする学問と技術の広がりと奥行きは飛躍的に拡大し，電子情報通信技術とほぼ同義語としての"IT"が連日，新聞紙面を賑わすようになった．

　いわゆるIT革命に対する感度は人により様々であるとしても，ITが経済，行政，教育，文化，医療，福祉，環境など社会全般のインフラストラクチャとなり，グローバルなスケールで文明の構造と人々の心のありさまを変えつつあることは間違いない．

　また，政府がITと並ぶ科学技術政策の重点として掲げるナノテクノロジーやバイオテクノロジーも本学会が直接，あるいは間接に対象とするフロンティアである．例えば工学にとって，これまで教養的色彩の強かった量子力学は，今やナノテクノロジーや量子コンピュータの研究開発に不可欠な実学的手法となった．

　こうした技術と人間・社会とのかかわりの深まりや学術の広がりを踏まえて，本学会は1999年，教科書委員会を発足させ，約2年間をかけて新しい教科書シリーズの構想を練り，高専，大学学部学生，及び大学院学生を主な対象として，共通，基礎，基盤，展開の諸段階からなる60余冊の教科書を刊行することとした．

　分野の広がりに加えて，ビジュアルな説明に重点をおいて理解を深めるよう配慮したのも本シリーズの特長である．しかし，受身的な読み方だけでは，書かれた内容を活用することはできない．"分かる"とは，自分なりの論理で対象を再構築することである．研究開発の将来を担う学生諸君には是非そのような積極的な読み方をしていただきたい．

　さて，IT社会が目指す人類の普遍的価値は何かと改めて問われれば，それは，安定性とのバランスが保たれる中での自由の拡大ではないだろうか．

　哲学者ヘーゲルは，"世界史とは，人間の自由の意識の進歩のことであり，…その進歩の必然性を我々は認識しなければならない"と歴史哲学講義で述べている．"自由"には利便性の向上や自己決定・選択幅の拡大など多様な意味が込められよう．電子情報通信技術による自由の拡大は，様々な矛盾や相克あるいは摩擦を引き起こすことも事実であるが，それらのマイナス面を最小化しつつ，我々はヘーゲルの時代的，地域的制約を超えて，人々の幸福感を高めるような自由の拡大を目指したいものである．

　学生諸君が，そのような夢と気概をもって勉学し，将来，各自の才能を十分に発揮して活躍していただくための知的資産として本教科書シリーズが役立つことを執筆者らと共に願っ

ている．

　なお，昭和55年以来発刊してきた電子情報通信学会大学シリーズも，現代的価値を持ち続けているので，本シリーズとあわせ，利用していただければ幸いである．

　終わりに本シリーズの発刊にご協力いただいた多くの方々に深い感謝の意を表しておきたい．

　2002年3月

電子情報通信学会　教科書委員会

委員長　辻　井　重　男

まえがき

　本書の目的はインターネット（Internet）の基本的な考え方を明らかにすることである．インターネットは既に世界的に広く普及して，地球を覆っている．現在でも爆発的な成長を持続しているが，同時に多くの課題も生まれている．このような課題を認識し，解決するためには，ネットワーク技術に関する知見を得て考察を進めなければならない．

　本書のおもな内容は以下のとおりである．

　1章では「インターネットの歴史的変遷と発展」を説明する．読者諸兄は，昔の話を調べてみても，将来のネットワークを考える材料にはならないと思うかもしれない．しかし，実際には，現在のインターネットを理解するためには，その経緯を知るべきである．

　2章の「電話とコンピュータ通信の比較」において，古い技術のように見える電話を解説する．実はインターネットを電話の自然な発展形であるとみなすことができる．こんにちでは電話技術とインターネットが，より統合された形になっている．

　3章の「OSI参照モデルとプロトコル」は短い章であるが，コンピュータネットワークにおいて標準化が大切であることを説明している．

　4章の「構内網(LAN)における通信」では，イーサネットに代表されるLANの技術を紹介したあとに，イーサネットだけでインターネットに匹敵するネットワークを構築することが困難であることを指摘する．

　5章の「ルータと経路制御」では，インターネットにおいて重要なIPアドレスの説明をする．更に，インターネットの基本的な構成要素であるルータの働きを述べる．

　この話題は，6章の「インターネットの応用」に引き継がれ，インターネットの応用をトピックスとして述べる．また，日本人が考案したアプリケーションについても言及する．

　7章の「超高速ネットワークの課題」では，光とコンピュータの速度の比較をする．この7章の結論は重要である．すなわち，世界を同時に接続すると思われているインターネットには弱点がある．遅延時間が無視できない遠距離の通信では実効速度が低下するからである．

　8章の「ネットワークの管理と運営」では，インターネットの世界が決して無政府状態ではなく，管理や運用の体制が整備されていることをみる．

　8章で述べた運用上の課題を実際に解決するのが，9章の「インターネットの構成」である．9章では，インターネットのサービスを提供するプロバイダのネットワーク構成，相互

接続を現在のインターネットの実情に即して解説する．

　10章の「セキュリティ」では，初期のインターネットの欠点とされていたセキュリティが，現在どのような課題としてとらえられているか，更に対策の現状について見る．

　11章の「国際的な協調」では，インターネットに関連の深い国際団体を紹介する．更に，インターネットを取り巻く状況や，将来の方向について展望する．

　冒頭に述べたように，本書の目的はインターネットの基本的な考え方を明らかにすることである．実際には，本書を読み終えた読者諸兄は，インターネットの多くの課題に気が付くであろう．本書は諸課題の解決法をすべて提示しているわけではないが，基本的な考え方については十分に述べたつもりである．

　2007年8月

後 藤 滋 樹

外 山 勝 保

目　次

1. インターネットの歴史的変遷と発展

1.1　インターネットの誕生 …………………………………… *2*
1.2　TCP/IP が普及した理由 ………………………………… *4*
1.3　インターネットにおける公的機関の役割 ……………… *6*
1.4　インターネットの利用者の数 …………………………… *8*
本章のまとめ …………………………………………………… *9*
理解度の確認 …………………………………………………… *10*

2. 電話とコンピュータ通信の比較

2.1　画期的な 2 線式の通信 …………………………………… *12*
2.2　完全グラフではない交換機 ……………………………… *13*
2.3　電話事業を支えるトラヒック理論 ……………………… *15*
2.4　電話回線を使ったインターネット ……………………… *16*
2.5　IP 電話と ENUM …………………………………………… *17*
2.6　次世代ネットワーク ……………………………………… *20*
本章のまとめ …………………………………………………… *22*
理解度の確認 …………………………………………………… *22*

3. OSI 参照モデルとプロトコル

3.1　標準化の必要性 …………………………………………… *24*
3.2　標準化のプロセス ………………………………………… *25*
3.3　OSI の参照モデル ………………………………………… *27*
本章のまとめ …………………………………………………… *29*
理解度の確認 …………………………………………………… *30*

4. 構内網（LAN）における通信

  4.1 いろいろな種類のLAN …………………………………… *32*
  4.2 原理的な分類 ……………………………………………… *32*
  4.3 イーサネットの原型 ……………………………………… *35*
  4.4 MACアドレス …………………………………………… *36*
  4.5 イーサネットの限界 ……………………………………… *37*
  4.6 解決策としてのIPアドレス（クラス） ………………… *39*
  本章のまとめ ……………………………………………………… *42*
  理解度の確認 ……………………………………………………… *42*

5. ルータと経路制御

  5.1 IPアドレスの詳細 ……………………………………… *44*
    5.1.1 IPアドレスとMACアドレスの相違点 ……………… *44*
    5.1.2 ARPアドレス解決プロトコル ……………………… *46*
    5.1.3 クラスとクラスレス ………………………………… *48*
  5.2 ルータの基本動作 ………………………………………… *49*
  5.3 ルーチングプロトコル …………………………………… *51*
  5.4 ルータの特徴 ……………………………………………… *52*
  本章のまとめ ……………………………………………………… *53*
  理解度の確認 ……………………………………………………… *54*

6. インターネットの応用

  6.1 ドメイン名システム（DNS） …………………………… *56*
  6.2 電子メール（SMTP） …………………………………… *57*
  6.3 ファイル転送（FTP） …………………………………… *59*
  6.4 遠隔ログイン（TELNET） ……………………………… *60*
  6.5 Web（HTTP） …………………………………………… *61*
  6.6 P2P ………………………………………………………… *63*
  6.7 新しい応用 ………………………………………………… *64*
  本章のまとめ ……………………………………………………… *65*
  理解度の確認 ……………………………………………………… *66*

7. 超高速ネットワークの課題

  7.1 TCP とコネクション ……………………………………… 68
  7.2 光の速度と通信の遅延 …………………………………… 71
  7.3 スループットの限界 ……………………………………… 74
  本章のまとめ ………………………………………………… 76
  理解度の確認 ………………………………………………… 76

8. ネットワークの管理と運営

  8.1 ネットワークの管理（NIC）……………………………… 78
  8.2 ネットワークの運用（NOC）……………………………… 81
  8.3 障害（トラブル）の原因 ………………………………… 84
  8.4 セキュリティの課題 ……………………………………… 87
  本章のまとめ ………………………………………………… 88
  理解度の確認 ………………………………………………… 88

9. インターネットの構成

  9.1 プロバイダのネットワーク構成 ………………………… 90
    9.1.1 アクセス ……………………………………………… 90
    9.1.2 地域拠点（POP）……………………………………… 92
    9.1.3 バックボーン ………………………………………… 94
    9.1.4 対 外 接 続 …………………………………………… 95
  9.2 プロバイダ間の相互接続 ………………………………… 95
  9.3 障害に強いネットワーク構成 …………………………… 98
    9.3.1 バックボーンの冗長化 ……………………………… 100
    9.3.2 地域拠点ネットワークの冗長化 …………………… 102
    9.3.3 アクセスの冗長化 …………………………………… 103
    9.3.4 対外接続の冗長化 …………………………………… 103
  9.4 日本のインターネットトポロジー ……………………… 105
  9.5 プロバイダのビジネスモデル …………………………… 106
  本章のまとめ ………………………………………………… 110
  理解度の確認 ………………………………………………… 110

10. セキュリティ

 10.1　セキュリティ上の脅威 …………………………………… *112*
 10.2　脆弱性が引き起こす被害 ………………………………… *113*
 10.3　コンピュータへの侵入方法 ……………………………… *115*
 10.4　ボットネット ……………………………………………… *115*
 10.5　迷惑メール（spam） ……………………………………… *117*
 10.6　サービス妨害攻撃（DoS攻撃） ………………………… *121*
 10.7　セキュリティ対策 ………………………………………… *127*
   10.7.1　ネットワーク上の対策 ………………………… *128*
   10.7.2　コンピュータへの対策 ………………………… *130*
   10.7.3　利用者のセキュリティ意識の向上 …………… *131*
 本章のまとめ ……………………………………………………… *132*
 理解度の確認 ……………………………………………………… *132*

11. 国際的な協調

 11.1　国際的なインターネット ………………………………… *134*
 11.2　標準化を推進するおもな組織 …………………………… *135*
 11.3　製品のモジュール化とハイブリッドな組織 …………… *138*
 11.4　汎用技術としてのインターネット ……………………… *139*
 11.5　IP技術によるディジタル統合 …………………………… *140*
 本章のまとめ ……………………………………………………… *141*
 理解度の確認 ……………………………………………………… *142*

付録　インターネットのルールとマナー ………………………… *143*
引用・参考文献 …………………………………………………… *145*
理解度の確認；解説 ……………………………………………… *146*
索　　　引 ………………………………………………………… *149*

1 インターネットの歴史的変遷と発展

　インターネットが広く世の中に普及したのは1990年の半ばである．このため，インターネットは新しい技術であるという雰囲気が漂っているが，骨格となる基本技術は意外に古い．インターネットの発端となったネットワークが誕生したのは1969年のことである．その当時の様子を知る人はこんにちでは少ない．

　昔の話を調べてみても，現在あるいは未来のネットワークを考えるのに役に立たないと考える人がいるかもしれない．しかし，実際には古い話の中に現在に生きる教訓が隠れていることがある．

　インターネットが社会の基盤の一つとなるにつれて，いろいろな課題が明らかになってきた．そのような問題を具体的に考えるときに，現在のインターネットの姿を見ただけではよくわからない事柄がある．それは技術の側面だけを見たのでは，現在のインターネットの由来が説明できないからである．現在では，インターネットの技術と，それを利用する側の社会とが不可分である．その社会の発展は歴史的な経緯を考察しないと理解できないことがある．

　例えば，インターネットの技術の誕生から広く普及するまでに，なぜ長い年月が経過したのだろうか．一つの理由はコンピュータの台数が昔は少なかったからである．ただし，理由はそれだけではない．

1.1 インターネットの誕生

こんにちのインターネットの原型となるのは，1969年に誕生した米国の **ARPA** (Advanced Research Projects Agency) **ネット**である．誕生した直後のARPAネットの構成を**図1.1**(a)に示す[1]†．このネットワークは四つの○で示すノード#1〜#4から構成されており，このノードは，次の4か所に設置されていた．

UCLA（カリフォルニア大学ロサンゼルス校）
SRI（Stanford Research Insisitute，シンクタンク）
UCSB（カリフォルニア大学サンタバーバラ校）
UTAH（ユタ大学）

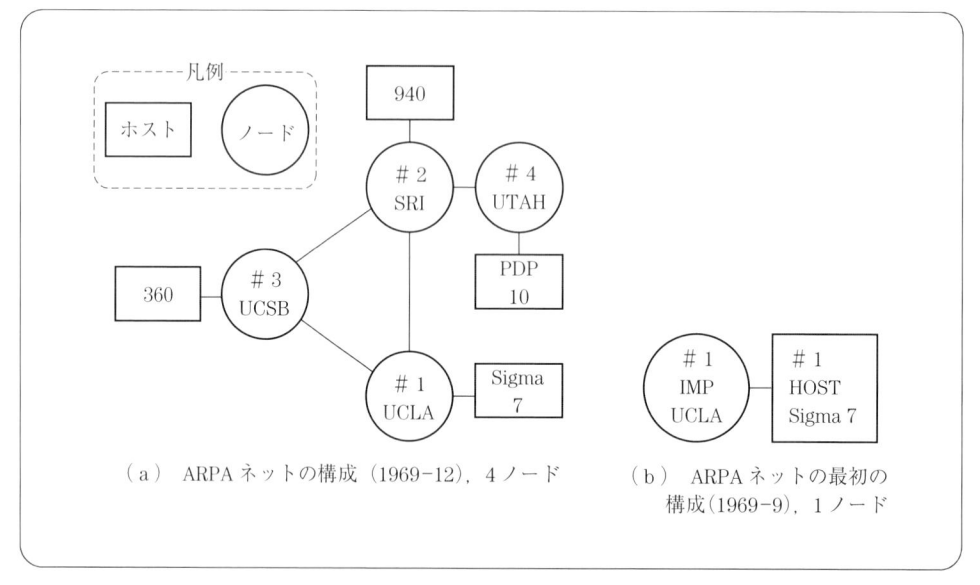

図1.1 ARPAネット

（a）ARPAネットの構成（1969-12），4ノード
（b）ARPAネットの最初の構成（1969-9），1ノード

図(a)に示すネットワークは，現在のインターネットとは多少異なる．この当時のARPAネットは **NCP**（network control protocol, network control program）というプロ

---
† 肩付き数字は，巻末の引用・参考文献の番号を表す．

トコル†（protocol）が採用されていた．NCP は現在の X.25 というプロトコルに近い通信規約であった．これに対して，こんにちのインターネットで用いられているプロトコルは **TCP**（transmission control protocol）/**IP**（internet protocol）である．

インターネットに関する多くの文献では図(a)を最初の ARPA ネットと呼んでいるが，当時の関係者の記録には，UCLA を拡大した図(b)が残っている[1]．この図が意味を持つのは，NCP においては **IMP**（interface message processor）というパケット交換機と，**ホスト**（HOST）と呼ばれるコンピュータの役割が異なるからである．IMP のハードウェアは小形のコンピュータであるが，交換機として動作する．この IMP の動作は，こんにちのインターネットにおけるルータとは異なる．

コンピュータをホストと呼んだのは，当時のコンピュータは大形機であり，多くの利用者を収容したからである．利用者はお客つまりゲストであり，コンピュータがホストである．現在のインターネットでも，コンピュータのことをホストというのは，この当時の用語が残っているからである．

図(a)の□で示すホストについて説明しよう．「360」は IBM 製の汎用マシン（general purpose machine）である．「汎用（general purpose）」という用語は，その当時は意味を持っていた．なぜならば，360 の以前のコンピュータは，事務用と科学用の 2 種類のコンピュータに分かれていた．それを統一して，1 種類のコンピュータで済むようになった．これは画期的な製品である．なお，コンピュータアーキテクチャという用語は，この 360 を設計したアムダール（Gene M. Amdahl）が初めて使った用語である．360 という名称は 360°，つまり全方位という意味に由来するという．

Sigma 7 は，Xerox 製の大形計算機であり，後年に日本では三菱電機の MELCOM シリーズとして販売されたことがある．PDP 10 は DEC（Digital Equipment Corporation）製の大形機である．PDP 10 と数字が一つだけ異なる PDP 11 は小形機（ミニコンピュータ）であったが，PDP 10 は大形機である．PDP 10 は日本で見ることはなかったが，PDP 10 の後継機の DEC System 20 は日本でも販売された．

このように 4 か所に設置されたコンピュータ（ホスト）は，こんにちでいうところのパソコンやワークステーションではなく大形機であった．1969 年には，パソコンもワークステーションも世の中にまだ実際に存在していなかったのである．

ここで，SRI という研究機関について説明をしておく．SRI の S はスタンフォードであるから，スタンフォード大学と関係のある研究機関であると予測がつく．実際には次のような事情がある．スタンフォード大学は軍事研究（classified research）を行わないという原

---

† プロトコルという用語の意味は 3 章で述べる．

則がある．スタンフォード大学でも国防総省の高等研究計画局（ARPA），海軍研究所などの委託研究を引き受けているが，成果が公開されるようなプロジェクトは軍事研究ではない．軍事研究となると，そのプロジェクトの存在自体が公開されない．スタンフォード大学は大学構内を区切る塀もなく，昼間であれば建物に出入り自由である．SRI では入館するのに登録が必要であり，来客は対応する部署から迎えの人が受付まで来てくれないと入れないのである．これは SRI で行われている研究の中に軍事研究があることから当然の処置である．

1.2 TCP/IP が普及した理由

　米国の国防総省が ARPA ネットを推進した背景には，ベトナム戦争（1960〜1975）があるといわれている．当時の米国は戦争をしていた．東西陣営が対立する冷戦構造のなかでは，大形コンピュータによる集中制御には危険がある．敵に拠点を攻撃されればマヒしてしまうからだ．そこで分散システムが注目される．攻撃を受けても，被害を局所的にとどめておき，全体としては動き続けるシステムである．現在のインターネットが，このような特徴をもつことは，読者諸兄がよく知るところである．

　このような背景から，初期の ARPA ネットは大学や研究機関だけではなく，国防総省関係の機関も接続していた．その後，1983 年に研究用のネットワークが ARPA ネットの名前を継承し，軍用のネットワークは **MILnet** として分離された．また 1983 年には，プロトコルが TCP/IP に切り換えられた．TCP/IP の研究は 1970 年代から行われていた．ちょうど 1983 年ごろに，パソコンやワークステーションが普及し始めており，**図 1.2** のようにインターネットに接続されるホスト数としてのコンピュータの数が急増することになる．これが現在のインターネットの隆盛につながっている．

　1990 年に大きな変化が起こった．それは ARPA ネットの停止である．研究ネットワークとしての ARPA ネットの役割は，1987 年に運用開始していた **NSFnet** が引き継ぐことになった．NSF とは全米科学財団（National Science Foundation）である．もう一つの変化は，商用ネットワークを解禁したことである．それまでの ARPA ネットは，大学や研究機関，あるいは米国政府と取引のある一部の大会社は無料で使用することができたが，商用の利用は禁止されていたのである．これを規定したものを **AUP**（acceptable use policy）と

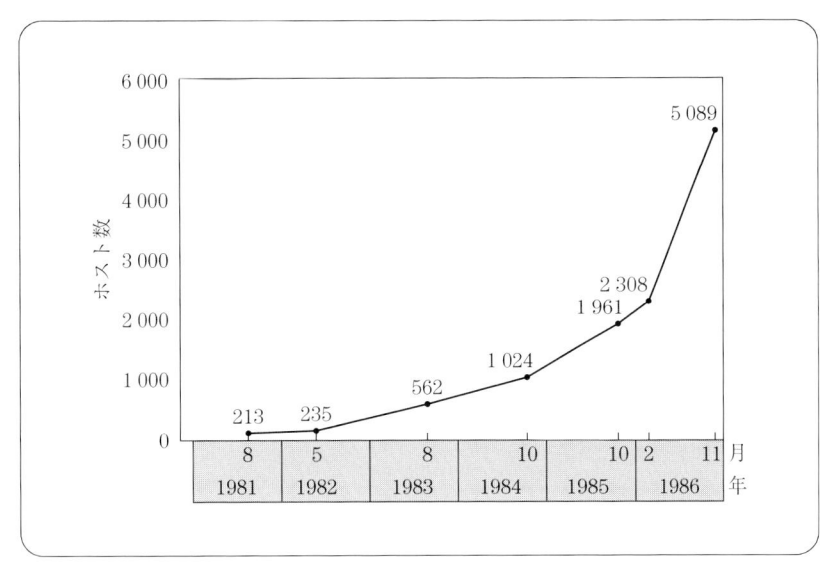

図1.2 インターネットに接続されているホスト数

いう．いまとなっては不思議に思う読者もいるに違いない．1980年代の米国では，インターネットを商売に使うという発想は皆無であった．AUPという制限がよく守られていたのである．

こんにちのインターネットの普及状況をみると，TCP/IPに対抗するライバルが存在したことを想像することは難しい．そのライバルは **OSI**（Open Systems Interconnection）というプロトコルである．ある時期にはOSIとTCP/IPとの「宗教戦争」という表現も使われたほど対立した．その経緯を詳細に述べるのは本書の範囲を越えるので，ここでは単純に割り切った解説をする．

まず，米国にはコンピュータ界の巨人IBM社がある．IBM社はコンピュータの基本特許を保有しており，業界に君臨していた．そのIBM社のコンピュータ製品を相互接続するには，同社のSNAというプロトコルの体系を使う．このような動きに対抗したのは欧州であった．欧州では国を越えた国際標準を作成するのが得意である．欧州は ISO[†1] あるいは **ITU-T**[†2]（国際電気通信連合-電気通信標準化部門，旧称 CCITT[†3]）という標準化活動の場でOSIを推進した．日本も欧州の動きに連動した．

このIBMのSNAと，欧州中心のOSIとの競争は意外な展開をみせる．それは前述のパソコンとワークステーションの台頭である．SNAはIBMの大形機を接続するものであり，OSIもSNAに対抗する膨大な通信規約である．このような本格的なプロトコルが，なかな

[†1] International Organization for Standardization，国際標準化機構
[†2] International Telecommunication Union - Telecommunication Standardization Sector
[†3] Comité Consultatif International Télégraphique et Téléphonique，国際電信電話諮問委員会

か普及しない間に，一方のTCP/IPが浸透していった．TCP/IPが普及した要因は，いくつかある．

まず，TCP/IPの標準化はオープンに推進される．インターネットの標準化団体は**IETF**（Internet Engineering Task Force, www.ietf.org参照）である．ただし団体と呼ぶのは妙かもしれない．IETFには会員という概念がない．IETFの会議は，年3回開催される．その会議に参加する人は，個人の資格でよい．原則としてだれでも参加できる．このような進行形態をとって，熱意のある人ならばだれでも標準規格を提案できるようにした．参加者は国の代表というわけではないから，投票で賛否を問う意味が薄れる．その会議の会場に近い人が多数参加していると思われるからだ．そこでラフ（rough）コンセンサスという表現が使われる．関係者がだいたい合意すればよいという意味である．

TCP/IPの規約は**RFC**（request for comments）という文書で公開される．この文書はだれがコピーして利用してもよい．インターネットを使えば無料で入手できる．OSIの規約文書は書物の形式で出版されており，高価であり，著作権の問題があるから勝手にコピーするわけにはいかない．規約を参照するためには図書館に行かなくてはならない．これが，OSIの普及が遅れた一因といわれている．

このようにTCP/IPの普及に貢献したIETFであるが，会議への参加者の数が2 000人を超えるようになると能率が低下して，以前のようなスピードでは進行しなくなったといわれている．IETFの参加者の人数が減少傾向に転じたという報告もある．今後は，いろいろな運営上の工夫が凝らされることであろう．

1.3 インターネットにおける公的機関の役割

インターネットの誕生（1.1節）からNSFnet（1.2節）に至るまで，米国国防総省（DoD）あるいは全米科学財団（NSF）がインターネットの発展を支えてきた．1995年4月30日にNSFnetが運用を停止すると，米国政府の役割が小さくなった．この当時の米国政府は，民間でできることは民間に任せるという方針を採っていた．具体的には，原子力利用，宇宙開発，インターネットなどの分野における政府の役割を小さくするという方針であった．

図1.3に，米国における学術研究用ネットワークの変遷を示す．インターネットでは，全

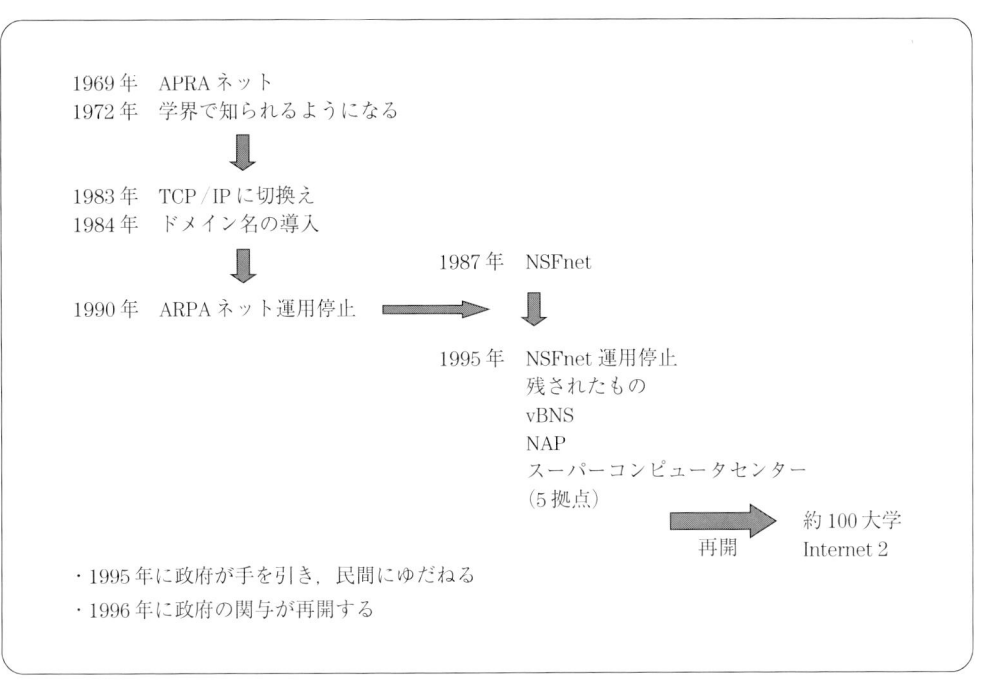

```
1969年  APRAネット
1972年  学界で知られるようになる
         ↓
1983年  TCP/IP に切換え
1984年  ドメイン名の導入              1987年  NSFnet
         ↓                                    ↓
1990年  ARPAネット運用停止    →
                                      1995年  NSFnet 運用停止
                                              残されたもの
                                              vBNS
                                              NAP
                                              スーパーコンピュータセンター
                                              (5拠点)
                                                           → 約100大学
                                                      再開    Internet 2
・1995年に政府が手を引き，民間にゆだねる
・1996年に政府の関与が再開する
```

図1.3 米国における学術研究用ネットワークの変遷

米をカバーするネットワーク（NSFnet）の運用を停止して，わずかに5拠点のスーパーコンピュータセンターを接続する高速ネットワーク（**vBNS**：very high-speed Backbone Network Service）だけを残した．それまでNSFnetを利用していた機関は各地域においてネットワークを構成するようになった．地域ネットワークの相互接続点として**NAP**（Network Access Point，9章のIXと同じ意味）が全米科学財団の支援を受けた．これで米国政府の役割は相当に小さくなった．

この縮小傾向に変化が起きた．早くも1995年に大学，研究機関の研究者から高速インターネットの必要性が唱えられた．また，次世代インターネットの研究開発を政府が主導するべきであるという声が起きた．大学関係者は**Internet 2**というコンソーシアムを結成した．このような動きと，折から1996年には環境問題とインターネットを二枚看板とするゴア副大統領（大統領はクリントン）が出馬する大統領選挙が行われるという背景のもとで，1996年には大学などの研究機関がvBNSに接続できるようになった（当初の接続目標は約100大学）．

1998年には新興電話会社であったQwestが，2.4 Gbpsの速度をもつ回線をInternet 2に提供するようになった．Internet 2は大学を会員として会費を集めている団体であるが，Internet 2のプロジェクトは，全米科学財団をはじめとする政府機関の支援を受けている．総合的にみれば，政府の支援を受けている活動となっている[2]．

世界的にみても，こんにちのインターネットのトラヒックの大部分は民間の商用プロバイダによる通信である．それでもなお，米国でも，カナダでも，欧州でも，アジアのほとんどの国において，学術研究用のネットワークは公的な支援を受けている．また，次世代ネットワークの研究開発には，各国とも国家予算を手当しているのが現状である．このような状況については，11.4 節で再び考察する．

1.4 インターネットの利用者の数

いろいろな場面で，インターネットを利用している人の数（総数）を知りたいことがある．これは難しい質問である．例えば，インターネットへの接続サービスを提供している会社（ISP）に登録している利用者を合計することを考えてみよう．利用者の重複登録があるに違いない．登録していても使わない人もいる．それを利用者としてカウントしてよいものかどうか．更に，ISP として活動をしている会社は，膨大な数がある．大手の会社だけを合計するのは可能であるとしても，網羅的に調べるのは無理なのではないか．

そこで，利用者の概数を求める場合には，以前から次の便法が採られている．これは，あくまでも近似値であるが，機械的に統計をとることができる．図 1.2 に，インターネットの普及を見るために，接続されているホスト数のグラフを提示した．このホスト数を 10 倍して利用者の数とみなす．この 10 倍という数値に特別の根拠があるわけではなく，長年の経験則のような数値である．

このホスト数の統計を長年にわたって集計しているのは，米国の Network Wizard という会社であった．現在では **ISC**（Internet Software Consortium）という団体が協力している．**表 1.1** に，最近のホスト数の統計の中から，ドメイン別によるトップ 30 を示す．

このドメイン別による統計を見るときには，いくつかの注意が必要である．

- 英国は.gb と.uk という二つの**ドメイン名**を持つ．
- ロシア（.ru）とソ連（.su）の両方が使われている．
- 米国は.us というドメイン名も使っている．
- .com を使っている企業は全世界にあり，米国の企業とは限らない．
- 現在は使われていないはずのドメイン名が（.arpa）統計のうえで上位に現れている．これは DNS（Domain Name System）の逆引きのレコード（PTR）に関して，利用者

表 1.1 ドメイン別によるトップ 30

順位	ドメイン	ホスト数	備考	順位	ドメイン	ホスト数	備考
1	net	162 929 985	ネットワーク	16	fi	3 187 643	フィンランド
2	com	76 984 153	商用(TLD)	17	be	3 150 856	ベルギー
3	jp	30 841 523	日本	18	se	3 039 770	スウェーデン
4	it	13 853 673	イタリア	19	es	2 929 627	スペイン
5	de	13 093 255	ドイツ	20	dk	2 807 348	デンマーク
6	fr	10 335 974	フランス	21	arpa	2 734 608	誤設定(本文参照)
7	edu	10 177 586	教育(米国)	22	ch	2 570 891	スイス
8	nl	9 014 103	オランダ	23	no	2 370 078	ノルウェー
9	au	8 529 020	オーストラリア	24	ru	2 353 171	ロシア
10	br	7 422 440	ブラジル	25	at	2 330 325	オーストリア
11	mx	6 697 570	メキシコ	26	us	2 026 166	米国
12	uk	6 650 334	英国	27	mil	1 991 136	軍用(米国)
13	pl	5 001 786	ポーランド	28	cn	1 933 919	中国
14	tw	4 418 705	台湾	29	ar	1 837 050	アルゼンチン
15	ca	4 257 825	カナダ	30	in	1 684 958	インド
				—	合計	433 193 199	31 位以下も含む世界の総計

の側の設定に誤記があるためである．DNS のレコードの設定が正しいとは限らないのである．

接続ドメインの統計をとるには，DNS に登録されているコンピュータの数をカウントする．このカウント数は膨大であることから，しだいに集計に手間取るようになってきた．最初のころは年に 3 回の統計であったが，あとには年に 2 回となった．

本章のまとめ

❶ こんにちのインターネットの原型は 1969 年に米国で誕生した ARPA ネットである．ただし，1969 年の ARPA ネットは，現在のインターネットのプロトコル (TCP/IP) とは異なるプロトコルで動いていた．

❷ TCP/IP と OSI プロトコルが競争するような局面もあったが，結局 TCP/IP が世界的に普及した．

❸ インターネットの利用者の数を推測する一つの方法は，インターネットに接続されているコンピュータ（ホスト）の数をカウントして 10 倍することである．

●理解度の確認●

問 1.1 1980年代のARPAネットにおけるAUPの厳格さを物語るエピソードがある．1980年代の半ばに，スタンフォード大学のGay and Lesbian Clubの学生が，カリフォルニア大学バークレー校に催物の案内を送った．ところがバークレーのネットワーク管理者が，その案内をネットワークを経由して送ったことに反発した．そのような行為はAUPに違反しており，スタンフォード大学がARPAネットから切り離されてしまう恐れがあると警告した．これを受けてスタンフォード大学の学内では，ネットワーク上のBboard（bulletin board，電子掲示板）で大議論が巻き起こった．さて，スタンフォード大学の学生の意見はどのようなものであったか．言論の自由を重視する立場では何を送ってもよい．AUPを遵守するならば，Gay and Lesbianの催物の案内を送るのは間違っていた．どちらの意見が多数を占めたであろうか．

問 1.2 ISCのWebページ（http://www.isc.org/）で"ISC Internet Domain Survey"と書いてあるか所をクリックせよ．行き先のページで最新の日付（The latest domain survey results，本書を執筆している時点ではFeb. 2007）をクリックして，最新のドメインサーベイ（ホストカウント）の数値を確認せよ．世界のインターネットのホストカウントの値が分かる．更に，そのページの下のDetailed Survey DataのTop Leverl Domain Name（by host count）の情報から日本（jpドメイン）のホストカウントの値を読み取れ．この二つの数値を基にして，インターネットの世界で日本が占める割合を求めよ．

2 電話とコンピュータ通信の比較

　インターネットは，電話とは異なる技術のように思える．両者において，基本的なコネクションという概念が異なる．ただし，情報通信の技術という側面から電話技術の発展を概観すると，インターネットを電話の自然な発展形のようにみなすことができる．

　初期のインターネットは電話回線を用いて実現されていた．こんにちでは，インターネットの上で音声の通信が行われるようになっている．両者の関係は，ますます緊密になり，今後は一体化が進むものと予想される．

2.1 画期的な2線式の通信

　電気通信（electrical communications）というと難しそうに響くかもしれないが，平たくいえば電信と電話を指す．こんにちでは，電信すなわち電報は，日常的には使われなくなったが，電信をディジタル技術とみなすことができる．つまり信号の有(1)と無(0)で情報を表現するのがモールス符号であった．ただし，現在のディジタル技術は，電信技士が電鍵をたたくのではなく，符号を送信するのも受信するのもコンピュータである．

　昔の時代にさかのぼって電話の技術を概観してみよう．電話という技術が誕生してから100年以上が経過している．古い話の中に新しい知見があるわけではないが，過去と現在を比較することによって，情報通信の発展の歴史をみることができる．

　電話には自明（trivial）ではない技術がいくつか内包されている．まず，市内の電話線が**2線式**（two-wire system）であることに注目されたい．電話は双方向に同時に通話することができる．これを素直に実現しようとすれば，**図2.1**(a)のように，4本の導線（**4線式**）が必要である．実際に低価格のインターフォンなどでは4線式のものがある．

　電話が2線式で実現できるのは優れたアイデアである．電話機の内部の配線を調べてみる

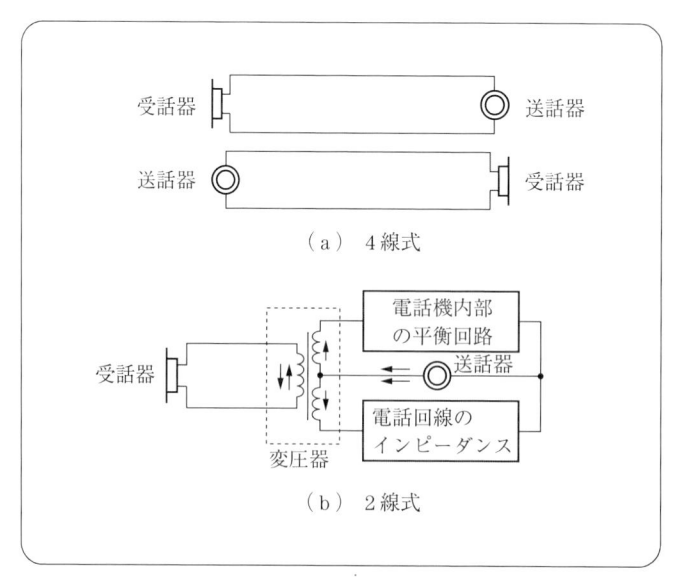

図2.1　双方向通信

と，そこに工夫がある．多くの電話機ではブースタ形の防側音回路が使われているが，ここでは簡単なハイブリッドトランスを使う方式を説明する[3]．図(b)に示すように，電話機の内部では送話器と受話器とが変圧器を介して接続されている．自分の声が送話器で電圧の変化となる．この音声による電流は変圧器の巻線を流れる．電話回線のインピーダンス（交流での抵抗に相当）とバランスするように電話機内部に平衡回路が設けてある．結局，図の上下に流れる電流が互いにキャンセルされる形となり，二次側の巻線に接続されている受話器には自分の音声の電流が流れない．実際には，自分の受話器に自分の音声がごく小さく聞こえるようになっている．ここが芸の細かいところである．自分の声が全く聞こえないと，人間は声量を上げる．あまり大声を出さなくてもよいくらいに適度のフィードバックを与えている[3]．相手からの音声は電話回線から入力される．この場合には変圧器によるキャンセルがなく巧妙な工夫である．市内の電話線を4線で敷設するのと2線で敷設するのを比較すると，2線式が経済的であるのはいうまでもない．2線式のコストダウンの効果は大きい．

2.2 完全グラフではない交換機

次に電話局の中にある交換機について考察する．交換機のコストを見積もるために，スイッチの接点の数を考える．例えば，電話の加入者5人の間で通信を可能とするためには，図2.2(a)のようなグラフ（頂点の間を辺で結んだ図形）を考える必要がある．

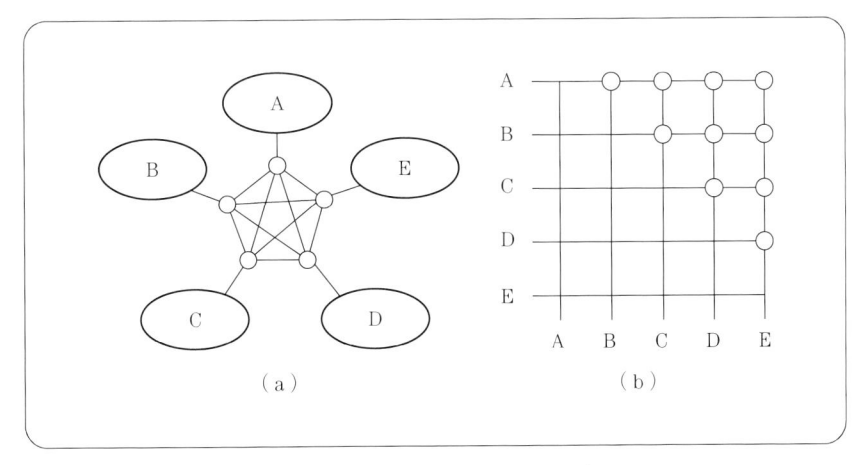

図2.2　5人の加入者A～E間の通信

2. 電話とコンピュータ通信の比較

図(a)のグラフは**完全グラフ**となっている．ここで完全とは，すべての頂点が辺で結ばれているグラフという意味である．頂点が n 個の完全グラフの辺の数は $n(n-1)/2$ である．これは次のように理解することができる．頂点が n 個あるとする．n 個の頂点から（自分自身を除く）他の頂点への辺が必ずある．他の頂点は $(n-1)$ 個ある．ただし頂点 A から頂点 B へ向かう辺と，頂点 B から頂点 A に向かう辺は，どちらか一方だけがあればよい．したがって $n(n-1)$ の半分の数だけ辺があり，その合計は $n(n-1)/2$ となる．

図(a)のグラフと同じ内容を図(b)のように縦横に並んだスイッチの接点（○印）として描くことがある．これは電話回線に使われていた**クロスバ交換機**の内部の構成に近い．クロスバ交換機の接点は $n \times n = n^2$ 個が並んでいる．この接点の中で，自分自身あての接点は実際には必要がない．また，自分と相手との間には一つだけ接点があればよい．結局，必要な接点の数は $n(n-1)/2$ である．このような完全グラフの交換機があれば，自分と相手が話中でない限り，いつでも相手からの電話を受けることができる．

ただし，交換機のコストを考えると，完全グラフでは電話会社の経済的負担が過大となる．ある時点で n 人の加入者が $(n+1)$ 人に増加したとする．このときにグラフの辺の数，クロスバの接点の数を，どれくらい増やせばよいか求めてみる．

$$\frac{(n+1)n}{2} - \frac{n(n-1)}{2} = n$$

簡単な計算で n であると分かる．例えば，10 人の加入者が 11 人になるときには 10 個の辺（接点），100 人の加入者が 101 人になるときには 100 個，1 万人の加入者が 1 万 1 人になるときには 1 万個を増加する必要がある．このように，加入者の数が増加すると，そのたびに追加すべき辺（接点）が増える．問題なのは，必要となる辺（接点）の数が加入者の数に依存して大きくなることである．つまり電話の加入者が 1 人増加するときに，その加入者のために追加すべき辺（接点）の数が逓増する．これでは電話事業は成り立たない．加入者が増加すると，加入者 1 人当りのコストがどんどん増加していくからである．この事実は完全グラフの辺の数が n^2 の式で表されることから導かれる．

そこで，少ない数をカバーする小さな交換機の集合として，大きな交換機を作ることを考え，クロスバの図式により，入線 5，出線 3 のクロスバを**図 2.3**(a)のように表す．

例えば，加入者が 20 の交換機を 20×20 のクロスバで直接に作ると，接点の数は 400 になる．$n(n-1)/2$ としても 190 の接点になる．同じ加入者の数をカバーするのに，図(b)のように 5×3 のクロスバ 8 個と 4×4 のクロスバ 3 個で作ることができる．この場合の接点は $(5 \times 3 \times 8) + (4 \times 4 \times 3) = 168$ に減らすことができる．ただし，接点の数の減少により，交換機の性能が低下する．5×3 の各クロスバに収容されている電話は 5 台ある．このうちで同時に通話できるのは 3 台までである．これはクロスバの出線がが 3 本しかないためである．

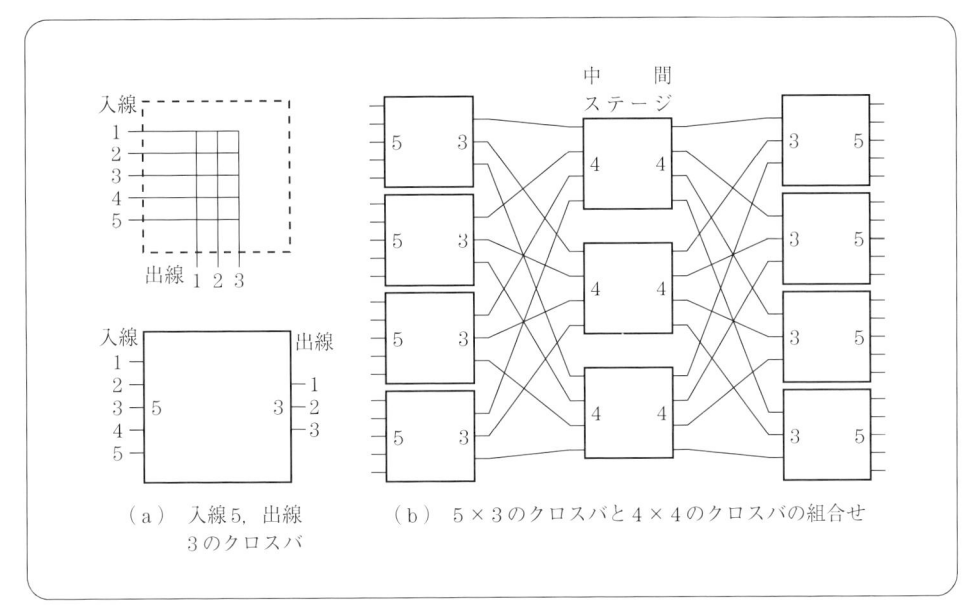

図2.3　クロスバの組合せ

(a) 入線5, 出線3のクロスバ
(b) 5×3のクロスバと4×4のクロスバの組合せ

中間の4×4のクロスバを中間ステージといい，中間ステージの数を減らすと，接点の数を減らすことができるが，同時に通話できる数も減ってしまう．この点を考慮して，サービスの品質とコストを決める．より詳しい議論は参考書[4]を参照されたい．

2.3 電話事業を支えるトラヒック理論

　交換機を設計する際には，どれほどの人数の利用者が電話を掛けるかを知らなければならない．1人の個人を対象とすると，ある特定の時刻に電話を掛ける確率は小さい．多くの人数の集団を対象とすると，電話の呼（call）が発生する確率は**ポアソン（Poisson）分布**に従うことが知られている．また，電話を掛けた利用者が，何分間の通話を持続するかという確率も知られている．こちらは**負の指数分布**に従う．つまり短い時間に通話を終える人が多く，長時間にわたる通話を続ける人は少ない．

　このような統計的な性質を研究する**トラヒック理論**は，電話会社の経営を左右する根幹の技術である．なお，英語で「traffic」というのは，一般用語としては「交通」の意味であるが，交通量を意味することもある．通信分野では電話の通話量などを指す．カタカナでは

「トラフィック」と表記することもあるが，通信分野ではトラヒックと書くことが多い[5]．

電話会社はトラヒック理論に基づいて交換機のコストダウンを図りつつ，普通の利用の状態では交換機の内部で呼損が発生しないように設計する．先に述べたように交換機は完全グラフではない．ある人に電話を掛けたところ，ビジートーンが聞こえたとすれば，多くの人は，相手の人が話中であると考える．ところが，実際には交換機の内部で出線が不足していて，通話路が確保できない場合があり得る．相手が話中の場合でも，交換機で呼損となった場合でも，ビジートーンの種類は変わらないので注意が必要である．

上にみてきたように，電気通信（電話）はコストダウンの歴史であった．交換機の接点の数を減らして，市内ケーブルの本数を加入者当り2本に節約する．ただし，各家庭に引く市内回線は，その家庭のいわば専用線になっている．

これ以上のコストダウンを図るには，専用線という「貸切」の状態から「乗合」の状態に移行する必要がある．ここで貸切と乗合という区別は乗物のバスの例である．普通の路線バスは見知らぬ人と乗合いの形で利用している．これを貸切バスにすると自分達だけで使えるので快適であるがそのコストは高い．電話の市内回線は専用線であるが，このコストを下げるためには，乗合にすればよい．専用線の状態では，通話していない大部分の時間でも電話線は存在しているからむだである．その空き時間を他の通信に利用することを考える．

このようなアイデアは昔から考えられていたが，実際に実現されたのはインターネットによる利用である．インターネットでWebのページを閲覧し，電子メールを送信することができる．それに加えて電話を掛けることができるようになる．また，テレビ放送のような画像情報を受信することも技術的には十分可能である．他人と一緒に回線を利用しなくても，同じ家庭でも種々の情報を同時に楽しむことができる乗合の一つの形態である．ただし，乗合にすると通信品質の保障が難しくなる．これは乗合バスでは座席に座れないことがあり，満員のバスには乗車できないことがあるのと同じことである．貸切バスでは座席の数よりも少ない利用者を乗せればよいのだが，乗合バスでは人数を制限することが難しい．

2.4 電話回線を使ったインターネット

多くの国では，インターネットが普及する以前に電話回線が敷設されていた．音声用の電話回線を使用してコンピュータ間の通信を行うには，**モデム**（modem）という装置を用い

る．モデムは，変調（modulation）と復調（demodulation）を合成した用語である．ディジタル信号を音声信号に変換するのが変調であり，その音声信号を受信してディジタル信号として取り出すのが復調である．

日本でも，1984 年に活動を開始した **JUNET** では，最初はモデムを利用した通信であった．図 2.4 は当時の JUNET の面影を復元した写真である．当時の実際の記録はほとんど残っておらず，この写真は JUNET が活動を停止したのちに古い機材を集めて撮影したものである．このように，電話回線を利用してコンピュータ通信が行われた時代がある．

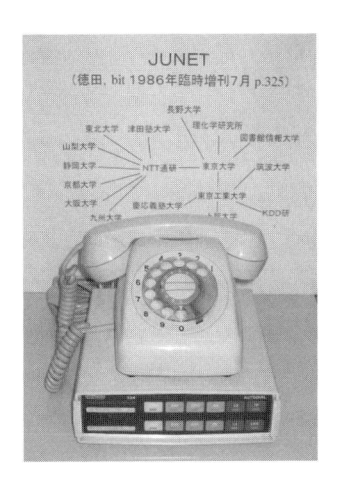

図 2.4　JUNET の面影を復元した写真

2.5　IP 電話と ENUM

本書を執筆している時点で，大いに注目を集めている技術がある．それは **IP 電話** と呼ばれているもので，インターネット電話ということもある．

前節においては，ディジタル信号を音声信号に変換するモデムについて述べた．その逆に音声信号をディジタル信号として表現することができる．このような技術は音楽用の CD（compact disc）を見れば，広く普及していることが分かる．また，携帯電話はディジタル信号を使用して音声通信を実現している．**ISDN**（integrated services digital network, サービス総合ディジタル網）の電話もディジタル信号を利用している．

音声電話の信号を，インターネットで使われている IP プロトコルを利用して送信することができる．これを **VoIP**（voice over IP）という．インターネットの IP プロトコルは，

ベストエフォート（best effort，最大努力）という性質を持つ．これを直訳すれば「最大限に努力すること」である．逆にいうと，努力してもだめなことがある．最初から限界があるとあきらめているようなものだ．これに対して従来の電話による通信は**コネクション指向**（connection oriented）という性質を持つ．通信を行うには，まずコネクションを確立する．相手が話中ではなく，交換機においても輻輳せずに通信回線が確保できれば，その後は安定して通信ができる．最後にはコネクションを切断する．この両者の特徴を比較すると**表2.1**のようになる．

表 2.1 IP 電話と従来の電話の比較

IP（インターネット）電話	従来の電話
コネクションレス型	コネクション型
データを運ぶ IP パケット（データグラム）は個々に独立に取り扱われる	コネクションの開始と終了が明確にある．電話の場合には発呼と回線の切断
ベストエフォート（best effort），パケットの紛失やエラーの発生の可能性がある	信頼性のある通信

このような性質を持つインターネットにおいて，従来の電話のような通信品質を得ることができるだろうか．初期の IP 電話は品質が悪いといわれたこともある．ただし解決策はいろいろと提案されている．なかでも有効なのは，インターネットの技術を使いつつ，別の独立したネットワークを IP 電話専用に敷設することである．このようにすればコストは高くなるが，品質の管理が楽になる．

IP 電話の品質は，音声情報を運ぶ IP パケットの遅延時間（短い遅延時間のほうが品質がよい）とパケットロス（通信の途中でパケットが紛失すると品質が劣化する）などによって規定される．日本では **TTC**（the Telecommunication Technology Committee，情報通信技術委員会）が定めた **R 値**という品質基準がある[6]．

IP 電話に関する，もう一つの話題は電話番号である．IP 電話に対して日本では 050 で始まる電話番号を付与している．この電話番号というのは，普通の電話番号とは少し異なる．差異が明確になるのは，従来の普通の電話から IP 電話に向かって電話を掛ける場合である．**図 2.5** に，このような通話を可能とする技術として **ENUM** を示す．

固定電話から IP 電話に対して発呼するとしよう．電話機で相手の電話番号をダイヤルする．電話の相手は IP 電話であるから IP アドレスによって識別される．相手の電話番号から相手の IP アドレスに何らかの方法で変換する必要がある．その IP アドレスをあて先として IP パケットのヘッダ（パケットの先頭）に指定する．音声の符号は IP パケットのデータとして運ばれる．電話番号から IP アドレスへの変換を実現する方法はいくつか考えられる．既にインターネットの世界では，ENUM という技術の標準化が行われている．

インターネットの標準化を推進する IETF において RFC 3761（旧版は RFC 2916）とし

2.5 IP電話とENUM　　19

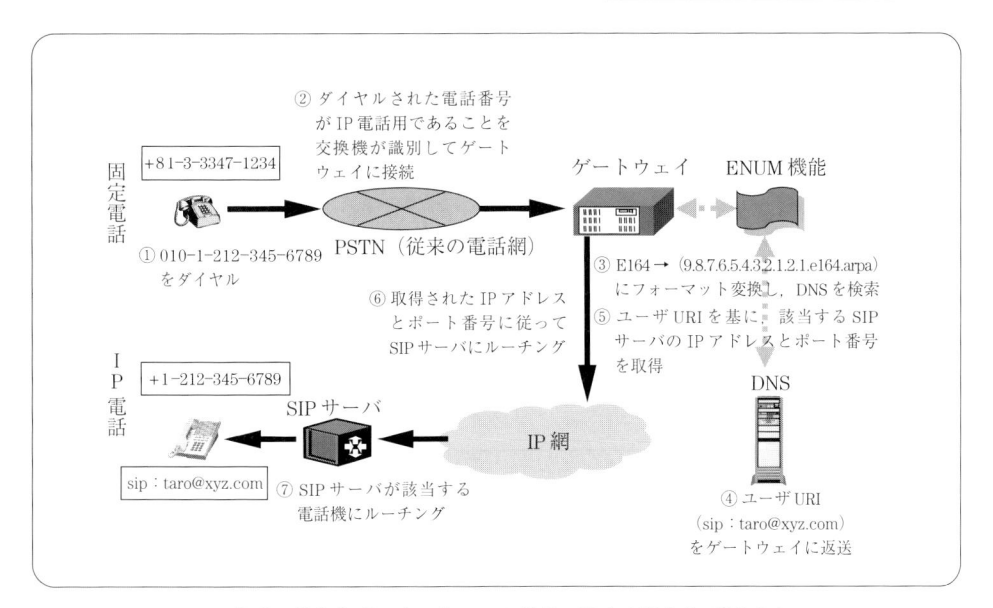

［図：固定電話 +81-3-3347-1234、①010-1-212-345-6789をダイヤル、②ダイヤルされた電話番号がIP電話用であることを交換機が識別してゲートウェイに接続、PSTN（従来の電話網）、ゲートウェイ、ENUM機能、③E164→（9.8.7.6.5.4.3.2.1.2.1.e164.arpa）にフォーマット変換し、DNSを検索、⑤ユーザURIを基に該当するSIPサーバのIPアドレスとポート番号を取得、DNS、④ユーザURI（sip：taro@xyz.com）をゲートウェイに返送、IP網、⑥取得されたIPアドレスとポート番号に従ってSIPサーバにルーティング、SIPサーバ、⑦SIPサーバが該当する電話機にルーティング、IP電話 +1-212-345-6789、sip：taro@xyz.com］

参考：総務省「IPネットワーク技術に関する研究会 報告書」
http：//www.soumu.go.jp/s-news/2002/020222_3.html[7]

図2.5　ENUM

て規定された通信規約がENUMである．ENUMは電話番号と**URI**（uniform resource identifier）とを対応づける．URIというのは，Webでよく使われるURL（uniform resource locator）を拡張した形式である．図2.6にURIのいくつかの例を示す．このURIは，IPアドレスそのものではない．ENUMによって電話番号からURIに変換して，更にURIからIPアドレスに変換するために再びDNSを用いる必要がある．なお，RFCという文書についての説明は，3.2節および3章末の問3.1を参照されたい．

```
ftp://ftp.is.co.za/rfc/rfc1808.txt
gopher://spinaltap.micro.umn.edu/00/Weather/California/Los%20Angeles
http://www.math.uio.no/faq/compression-faq/part1.html
mailto:mduerst@ifi.unizh.ch
news:comp.infosystems.www.servers.unix
telnet://melvyl.ucop.edu/
                            注）%20はスペース（空白）を意味する
```

図2.6　URIの例（出典 RFC2396）

このような技術によって，電話の世界とインターネットの世界が融合しつつある．電話とインターネットとを連続した技術の発展としてみる立場は，今後の展望を得るのに役に立つと思われる．

2.6 次世代ネットワーク

　電話による通信は数々の工夫が凝らされており，決して自明な技術ではない．ただし，人間の音声を伝達するためのデータ量は，それほど大きなものではない．初期のインターネットは，文字を主体にした通信を行ってきたが，通信回線が高速になり，コンピュータの処理速度が向上すると，音声や画像を取り扱うことが容易になった．音声をディジタル化すれば，それをインターネットの通信で運ぶことに何の問題もない．

　電話の世界では，昔から統合的な通信網を夢見ていた．約30年前には音声電話からテレビ電話への発展を想定して，米国でも日本でも盛んに研究開発が行われた．その当時においては画像通信のコストが高く，いかに帯域圧縮をしても，通常の音声電話に比べると料金が高額となることが避けられなかった．その当時の画像圧縮の技術は，あとにファクシミリ（facsimile）で活用されることになる．

　約20年前には，ISDN に期待が集まった．ISDN という用語が，サービスを統合するためのディジタル通信を意味した．実際のディジタル技術は，狭帯域（narrow band）の ISDN では HDLC（high level data link）であり，広帯域（broad band）では ATM（asynchronous transfer mode）であった．HDLC はシリアル伝送の方式としてコンピュータの周辺でよく使われていた．ATM はいまでも通信の世界では使われている技術であるが，ディジタル統合の中心の役割を IP つまりインターネットに譲った形になっている．この当時からブロードバンドという用語が高速のネットワークの意味で広く使われるようになっている．

　こんにちでは，**次世代ネットワーク**（next generation network：**NGN**）という用語で，ディジタル統合が語られている．ただし，論者によって，次世代という意味が少し異なる．全体としては同じ方向を指向しているが，力点の置き方が一通りではない．図 2.7 にネットワークアーキテクチャの段階的発展を示す．

- 従来は交換機によって構成されていた電話網を IP 技術によって置き換える．
- 昔から使われてきた固定電話と比較的新しい技術の携帯電話を統合する．
- 音声電話のサービスだけではなく，インターネットに接続できる．
- 家庭において，IP 技術を活用して新しい環境を実現する．

2.6 次世代ネットワーク

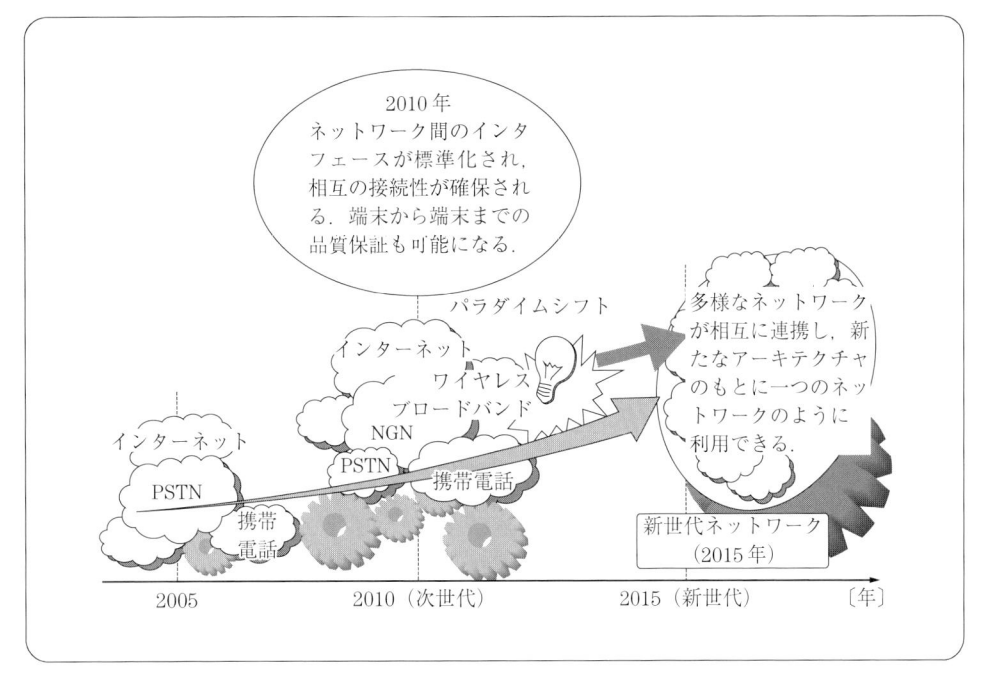

図2.7 ネットワークアーキテクチャの段階的発展
(出典:第9回次世代ネットワークアーキテクチャ検討会の資料[8])

図中の **PSTN** (public switched telephone networks) は,従来の交換機による音声の電話網である.固定電話と携帯電話の統合を **FMC** (fixed mobile convergence) という.FMC の具体的な内容は明確に定義されているわけではなく,人によって多少異なる.携帯電話を中心に述べる場合には,NGN という呼び方ではなく,電話網を全部 (all) IP 技術で実現するという意味を込めて **all IP ネットワーク**ということがある.現在構築中の新しい次世代ネットワークが実現しても,電話網とインターネットの全部を包含するわけではない.図では,次世代ネットワークのあとにパラダイム(基本的な枠組み)のシフト(変革)が起こると想定し,2015 年ごろに全部を包含するネットワークが完成すると予想している.この最終形態を**新世代ネットワーク**と呼んでいる.

従来の電話を IP 技術で置き換えるという作業は,実は単純ではない.一例を挙げると,固定電話では当然とされている警察,消防,海上保安庁への緊急電話の取扱いが IP 電話では難しい.電話を掛けることはできるものの,従来の固定電話のように発信者の特定が困難である.従来の電話機は電話局から給電されて動作していたので,家庭が停電時でも電話を掛けることができた.光ファイバを使った場合には,電話局から各家庭に電源を供給できない.停電時には電話機にバッテリがない限り動作できない.このような子細な事項に至るまで,精力的に検討が行われている.種々の工夫を行うとしても,従来の固定電話の機能をすっかり引き継ぐことは難しい.

このような課題があるとしても，IP技術を採用する利点がある．第一に電話網を構築するコストが安くなる．第二にインターネットで培った技術を活用して，音声電話の範疇を越えるサービスを実現することができる．

一般に，アナログからディジタルへの流れを止めることはできない．音楽の世界でのレコードとCDの比較，カメラの世界でのディジタルカメラ，更にテレビ放送もディジタル化する．通信の世界でもディジタル化は不可避である．ディジタル時代にふさわしい活用の仕方を工夫していくのが我々の役目でもある．

本章のまとめ

❶ 電話技術には自明でない工夫がある．素朴に考えれば4線式が必要な電話回線を2線式で実現するのは，その一つである．

❷ 電話の交換機は加入者を完全グラフで接続しているわけではない．

❸ トラヒック理論に基づく統計的な性質を利用して現実的な交換機の設計を行う．

❹ 電話回線を用いてコンピュータ通信を行うことができる．その逆にインターネットの上で従来の電話と同じ機能を実現しようという技術がある．

●理解度の確認●

問2.1　災害の発生時には，電話による連絡が殺到する．このような場合にこそ，電話の真価が発揮されるはずであるのに，電話会社は「地震などの際には被災地向けの電話を掛けないように」と呼びかけている．これは，どのような理由によるものか．

問2.2　トラヒック理論で交換機を設計しても，個々の利用者の行動を予測することはできないのではないか．例えば，何回の電話を掛けて，通話の長さが何分になるか，利用者の自由意志で決まると思う．それでもトラヒック理論には意味があるのか．

3 OSI 参照モデルとプロトコル

　ネットワークの分野では，プロトコルという用語が一つのキーワードである．プロトコルを英語の辞書で引くと元来の意味は「外交儀礼」を指す．情報通信の世界ではプロトコルを通信規約の意味で使う．

　通信とは，ある情報を送信側から受信側に伝えることである．この情報はディジタル情報として表現されている．ディジタル情報であるからといって，1ビットずつ送信するのではない．データをある程度の大きさの塊（パケットと呼ぶ）としてまとめて送る．そのパケットのデータ形式は，送信側と受信側で同じ形式を用いる必要がある．さもないと，肝心の情報が正しく伝わらない．

　インターネットの世界では TCP/IP というプロトコルが用いられている．これが標準として広く認められているために，現在では，どのようなコンピュータでもインターネットに接続することができるようになった．

3.1 標準化の必要性

　経済学の教科書に「モジュール化」という記述が載っている．ここでは概略を紹介する．いま，DELLのパソコンとNECのパソコンを，ばらばらに分解したとする．パソコンは多くの部品から構成されているが，DELLのパソコンとNECのパソコンの部品は同じようなものが多い．パソコンのメーカに固有の部品は数少ない．秋葉原の電気街に行けばパソコンの部品を販売している店が多数ある．個人でもパソコンを組み立てることができる[9]．

　これに対して，TOYOTAの自動車とNISSANの自動車を分解してみると，一部の部品は両者に共通であるかもしれないが，多くの部品は，それぞれの会社の独自の部品である．個人で自動車を組み立てようとしても，全部の部品を入手するのは困難であろう．パソコンと自動車の違いは共通部品の割合である．このような状況を表現するのに，パソコンはモジュール化が進んでいるという．つまり部品がモジュールである．そのモジュールを組み合わせて先進的な製品を作ることができる．

　モジュール化を進めるには標準化が重要である．モジュール化された部品を供給する会社は，新しい部品を設計する際に標準的なインタフェースを遵守する．画期的な部品を発表しても，特殊な自社規格のコネクタにしか挿入できないのであれば，その自社規格が業界の標準とみなされていない限り，販路が限られてしまう．

　パソコンのようにモジュール化された製品では，オープンつまり自由な競争が行われる．品質や性能がよくて，低価格の部品を開発する企業が競争に勝利する．部品を組み合わせて最終製品を製造する会社は，どの社の部品でも自由に組み合わせて使えるようになる．

　インターネットを構成する機材には，パソコンやワークステーション，更にルータやスイッチがある．これらの機材をインターネットの部品とみなすと，この部品もモジュール化されている．例えば，DELLのパソコンとNECのサーバを組み合わせて，更に富士通のルータを使うことができる．こんにちでは，このように多社の製品を組み合わせるのが常識になっている．昔は1社の製品だけを使ってネットワークを構成するのが普通であり，多くの会社の製品を組み合わせることを，特にマルチベンダと呼んで区別していたほどである．

　なお，モジュール化という用語は，ソフトウェアの世界でも使われている．ここでは，より広く，工業製品が標準的な部品から構成されることをモジュール化と呼んでいる[9]．

プロトコルにおける標準が重要であることは，だれでも認めるところである．ここでは昔の実例を一つ挙げておく．**図3.1**に，**イーサネット**（詳しくは4章で述べる）の二つのフレーム（パケット）形式を示す．図(a)が原型となったイーサネットの形式であり，図(b)が後に定められたIEEE 802.3の形式である．枠の外側の数字は各フィールドの長さをバイト（オクテットともいう，8ビットの意味）を単位として表している．

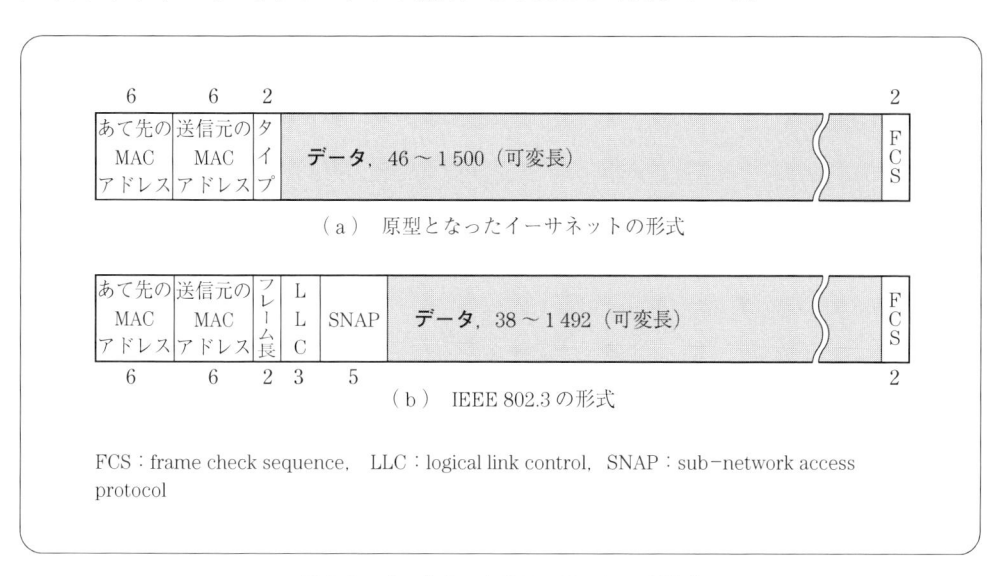

```
         6      6    2                                              2
   ┌──────┬──────┬──┬─────────────────────────────┐┐┌──┐
   │あて先の│送信元の│タ│                              ││ │F │
   │ MAC │ MAC │イ│ データ，46〜1 500（可変長）      ││ │C │
   │アドレス│アドレス│プ│                              ││ │S │
   └──────┴──────┴──┴─────────────────────────────┘┘└──┘
              （a）原型となったイーサネットの形式

   ┌──────┬──────┬──┬─┬────┬─────────────────────┐┐┌──┐
   │あて先の│送信元の│フ│L│    │                      ││ │F │
   │ MAC │ MAC │レ│L│SNAP│ データ，38〜1 492（可変長）││ │C │
   │アドレス│アドレス│ム│C│    │                      ││ │S │
   │      │      │長│ │    │                      ││ │  │
   └──────┴──────┴──┴─┴────┴─────────────────────┘┘└──┘
         6      6    2  3   5                                       2
                  （b）IEEE 802.3の形式

   FCS：frame check sequence，LLC：logical link control，SNAP：sub-network access
   protocol
```

図3.1　イーサネットの二つのフレーム形式

この二つは明らかに異なる形式である．単にイーサネットというだけでは，どちらの形式のデータを送信するのか分からない．実用的には，コンピュータのプログラムを二つ備えておけば，両方の形式を正しく解釈することができる．つまり本質的な困難はない．ただし実際には混乱を生じた例がある．ある会社のプログラムにはバグがあった．二つの形式を正しく弁別できずに，フレームの同じ場所に記載されているヘッダ長とタイプを混同するというエラーが生じた．このような状態では正常な通信は望めない[10]．

3.2　標準化のプロセス

国際的な通信規約の標準化を行うには次の二つの方法がある．
- **de jure**：法律によって決められる標準

● **de facto**：事実上の標準

jure はジュリストという言葉があるように法律という意味のラテン語である．de jure による標準とは，典型的には国の代表が集まって会議を開催し，規約を投票で決めるものである．例えば，国際電話を掛けるときの電話番号の最初の桁は国を表す番号であり，日本は 81 番である．このような標準は ITU-T において，日本の主管官庁である総務省（旧郵政省）が参加して決めたものである．国際電話番号の規約は E.164 である．

de facto はラテン語では facto と末尾に o が付く．意味は英語の fact と同じである．業界で事実上の標準になっているものを指す．日本が先行して，あとで国際標準になった例もある．例えば，3.5 インチのフロッピーディスクは SONY が提案した規格である．ノートブックで使われている PCMCIA のカードの原型は，日本の JEIDA の規格であった．

インターネットにおける通信規約の標準化は，de facto であるといわれることが多い．ただし，業界の自由競争の結果として標準が決まるというよりも，図 3.2 のように **IETF** という標準化の場で討議を重ねて，多くの関係者のコンセンサスとして規約が決まるというケースが多い．このような標準化の方法を，コンソーシアム形の標準化と呼ぶことがある．

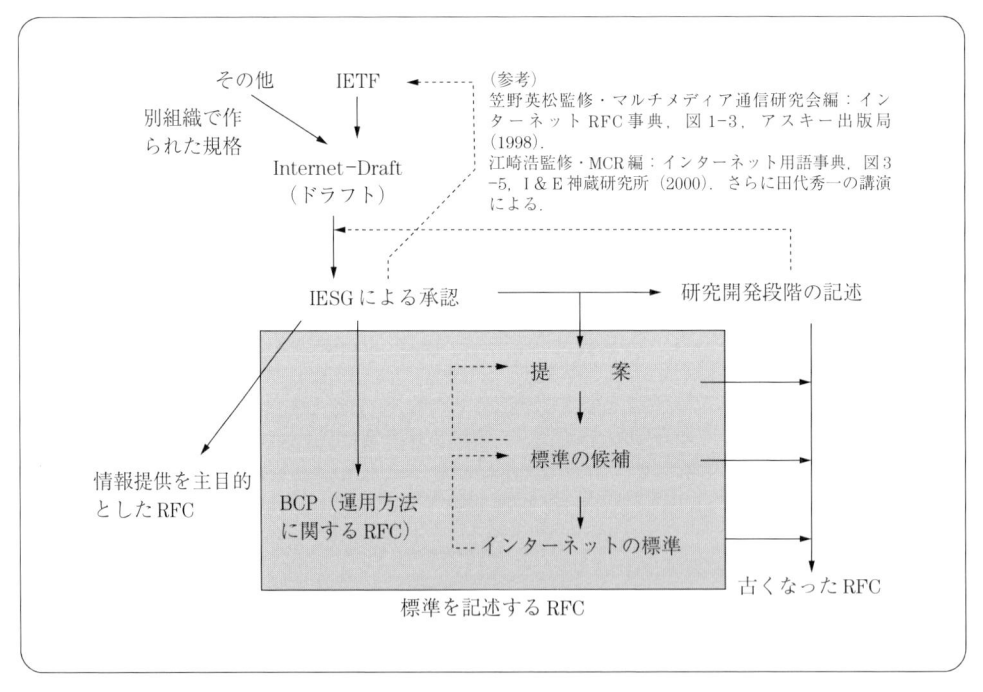

図 3.2 IETF における標準化のプロセス

IETF の活動については，既に 1 章でも触れた．ここでは標準化されたプロトコルを文書化した **RFC** という文書に注目しておく．RFC は request for comments であるから直訳すれば「ご意見を求む」という意味である．しかし，既に発行された RFC に対して意見を述

べてみても，それでRFCが改訂されるわけではない．もし改訂が必要な場合には，古い番号のRFCを無効として，新しい番号のRFCが発行される．IETFにおける標準化のプロセスに深く関与する場合に重要なのは，図に示すInternet-Draft（**ドラフト**）である．ドラフトとは文字どおりの原案である．標準化の最初の段階はドラフトであり，これがワーキンググループの場で大方の支持を得て，更にIESGが認めるとRFCとなる．つまりドラフトからRFCに昇格する．RFCにも三つの段階がある．

現在では約5 000のRFCが存在している．ただし，その全部が有効なわけではない．古いRFCの中には既に無効になったものがある．その場合には改定版が新しいRFCの番号で公開されている．

3.3 OSIの参照モデル

プロトコルとして規定されるものは広範囲にわたる．例えば，ディジタル信号を伝えるための電圧やコネクタのピンの本数，配置もプロトコルの一部である．一つの通信に関係するプロトコルだけでも多岐にわたっている．これを整理する仕組みとしてOSIの**参照モデル**（reference model）がある．この参照モデルというのは，プロトコル自体ではなくて，プロトコルを階層的に整理するための枠組みである．

OSIの参照モデルは，元来がOSIプロトコルを整理する枠組であったから，インターネットのプロトコルに完全に適合するわけではない．それでも，階層という考え方は有効であり，図3.3のように7階層からなる．表3.1に各階層のプロトコルの役割を示す．

ここでは，次の点に注意しておこう．まず，アプリケーションとは，ネットワーク，例えばインターネットを利用して，何か仕事をすることである．同窓会の案内を電子メールで送

```
第7層：アプリケーション層
第6層：プレゼンテーション層
第5層：セッション層
第4層：トランスポート層
第3層：ネットワーク層
第2層：データリンク層
第1層：物理層
```

図3.3　OSIの参照モデルの7階層

表3.1 各階層におけるプロトコルの役割

階層	名称	役割
第7層	アプリケーション層	ネットワークを利用する応用プロトコルを規定している（6章）．
第6層	プレゼンテーション層	データ形式の変換を取り扱う．アプリケーションや機器に固有のデータ形式をネットワークに共通のデータ形式に変換する．
第5層	セッション層	コンピュータ間のコネクション（論理的な通信路）の確立と切断を行う．
第4層	トランスポート層	あて先のコンピュータとの間で，データを確実に届けるための機能を持つ．パケットを紛失したり，エラーが生じてもデータを回復する．
第3層	ネットワーク層	データの塊（パケット）をあて先まで届ける役割がある．あて先を表現するためにアドレスが規定されている．
第2層	データリンク層	コンピュータ間で情報を送受信するためのデータの形式（フレームのフォーマット）を定める．通信に伴うエラーを検出したり，誤りを訂正する機能を定めることもある．
第1層	物理層	通信ケーブル，光ファイバのコネクタの形状やピン配置，電圧，光の波長，無線の変調方式などを定める．データの基本単位（ビット）が物理的に実現される．

信して，回答を集めるとか，あるいはWebのページを使って電子的に商店を開業するという例が，世の中でいうアプリケーション（応用）である．OSIの参照モデルでいうアプリケーションとは，世の中の応用を支えるプロトコルとしてのアプリケーションを指す．いまの例では，電子メールが一つのアプリケーションプロトコルである．また，Webも一つのアプリケーションプロトコルである．

なお，上にも述べたように，物理層のプロトコルで規定されているものは，ハードウェアに属する．このような範囲もプロトコルに含まれることに注意しておこう．

現在のインターネットでは，OSIの参照モデルの5層と6層が完全には独立していない．実際に稼働しているソフトウェアでは，例えば電子メールのアプリケーションの中で漢字コードを変換をしたり，Webのブラウザがセッションを管理したりする．なお，データリンク層は，いろいろな機能があるので，更に二つに分割する考え方もある．

図3.3を見ると，何か階層的に積み上がったものがネットワーク上を流れていくような印象を受けるかもしれない．実際にネットワーク上を流れるデータは，**図3.4(a)**のような形をしている．多くの通信回線においては，データを1ビットずつ直列に通信する．図(a)に示したパケットは，図(b)のように，元来送信すべきデータの前に**ヘッダ**と呼ばれる管理情報が次々と付加されたものである．

データを送信するときには，まずデータにTCPのヘッダを付加し，次にIPのヘッダを付加し，更にイーサネットのフレームとしての情報を付加したのちに，物理層の規約に従った電気あるいは，光の信号で送り出す．

| イーサネットのヘッダ | IPパケットのヘッダ | TCPパケットのヘッダ | データ | イーサネットのFCS |

(a) 実際に流れるデータの形式

```
                            データ
                              ↓
              | TCPパケットのヘッダ | TCPのデータ |
                              ↓
         | IPパケットのヘッダ | IPのデータ |
                              ↓
| イーサネットのヘッダ | イーサネットのデータ | イーサネットのFCS |
```

(b) パケットが生成される様子

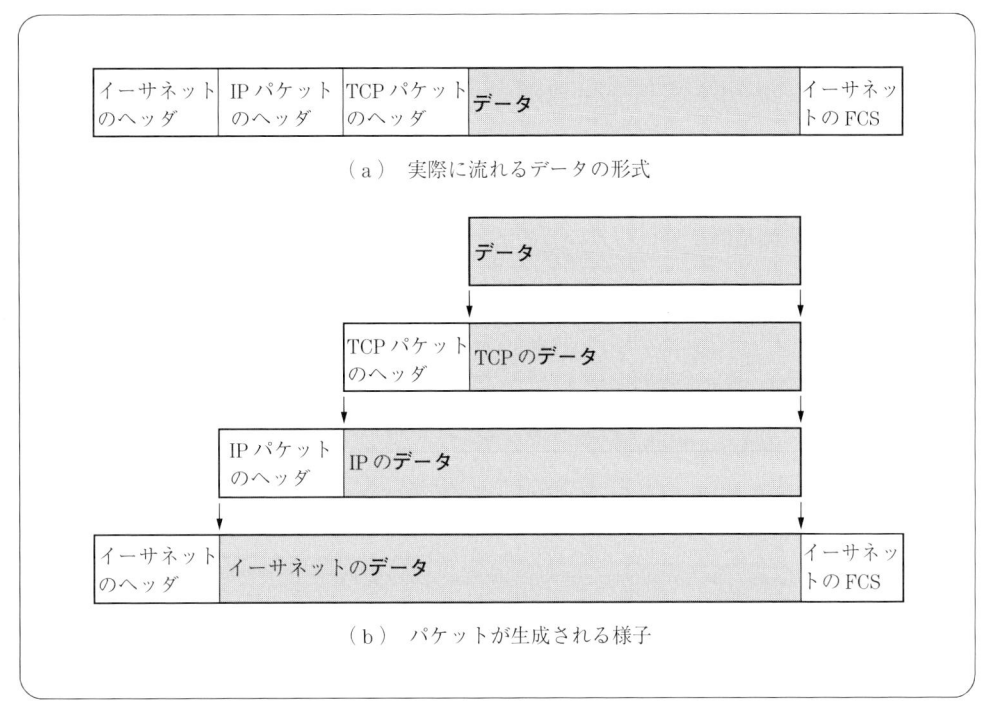

図3.4 実際にネットワーク上を流れるデータの形式とパケットが生成される様子

なお，パケットのデータの入る部分を**ペイロード**（pay load），その他を**オーバヘッド**（overhead）ということがある．ペイロードとは「お金を払う荷重」という意味であり，トラックや船，あるいはロケットの自重を含まない，お客の荷物の重量を意味する．オーバヘッドとは，予算上の必要経費のように，本来の目的ではない余分なものという意味である．送信すべきデータだけに着目すれば，パケットのヘッダは余分な情報である．ただし，これが正確でないと相手に正しく届かない．

本章のまとめ

❶ インターネットにおいてはプロトコル（通信規約）の標準化が重要である．標準化によって，一つのメーカの機器に閉じないオープンなシステムを構築することができる．

❷ インターネットの標準化ではIETFの活動が大きな役割を果たしている．

❸ プロトコルは物理層からアプリケーション層まで多岐にわたる．プロトコルを階層的に整理した枠組としてOSIの参照モデルがよく使われている．

●理解度の確認●

問 3.1 IETFのWebページ（www.ietf.org）を見ると，多数のRFCが発行されていることが分かる．RFCの一覧を掲載しているRFC index（http://www.ietf.org/iesg/1rfc_index.txt）の中を検索して，"Assigned numbers"というタイトルのRFCが何件発行されてきたかを調べよ．

問 3.2 プロトコルに精通している人の間では，次のような冗談をいうことがあるという．「そういう話題は技術分野には属さないな．レイヤ8の政治層かレイヤ9の経済層の議論だから」．ここで8とか9という数字が出てくるのは，どのような理由によるものか．1～7までは何を指すものと解釈すべきだろうか[11]．

4 構内網（LAN）における通信

　インターネットが普及した現在では，同じ部屋にあるコンピュータどうしで通信をする場合と，例えばブラジルの大学にあるコンピュータと通信をする場合とは，全く同じようなものだと考えるかもしれない．

　利用者の目には同じように見えても，実際にネットワークの内部動作を考えると，やはり近くの通信の方が簡単である．ここではデータリンクのプロトコルとして代表的なイーサネットを例にとり，実際の通信の様子をみることにする．

4.1 いろいろな種類のLAN

　LAN（local area network）の和訳は構内網であるが，和訳を使わずに LAN ということが多い．LAN を実現する技術には，さまざまな種類が存在した．例えば筆者の勤務する大学では，構内の大部分を FDDI という 100 Mbps の光ループで配線していた時代がある．結局のところ，世の中でも大学でも，現在ではイーサネットが広く使われている．

　イーサネットが最初に登場したときには，通信速度が 3 Mbps であったが，普及するころには 10 Mbps が普通になった．その後に Fast Ethernet と呼ばれた 100 Mbps のイーサネットが登場して普及した．最近では 1 Gbps の通信速度をもつギガビットイーサネットが随所で使われている．10 Gbps のイーサネットも，普及が始まっている．

　イーサネットを最初に提案したのは，ゼロックスのパロアルト研究所（**PARC**：Palo Alto Research Center）の**メトカルフ**（Robert Metcalf）である．当時は大学院生であった．この規格は，Xerox, Intel, DEC の三社の共同提案となり，当時のコンピュータの台数の急増とともに普及し始めた．

　なお，PARC は，イーサネットのほかにも先進的な研究を行ったことで有名である．例えば，ビットマップディスプレイやマウスをコンピュータに接続した研究は，Xerox のワークステーションとして商品化された．このマシンは高価なこともあり，利用者が限られていた．その当時に PARC を訪れた Apple 社のメンバが，あとになって Macintosh を設計したといわれている．商業的には Apple 社の製品の方がはるかに成功した．

4.2 原理的な分類

　本書の LAN の説明はイーサネットを中心として行う．実際にイーサネットは広く普及しているが，これが唯一の LAN の技術というわけではない．イーサネットの説明に入る前

4.2 原理的な分類

に，原理的な分類を述べておく．LAN は複数台のコンピュータを接続する．このときに用いる通信手段が少ない資源ですめば経済的であるが，通信の際に競合が生じると，能率が低下する．複数台のコンピュータを接続する方法として実際に用いられている技術を，過去の例を含めて紹介しておく．まず通信路を確保する必要がある．

- **時分割多重方式**（time-division multiplex：**TDM**）　通信のためのケーブル，あるいは電波を共有するために，互いに使用可能な時間を決めておく．時間を同期（シンクロナイズ）するための工夫が必要である．実際に使用するには，極めて短時間のタイムスロットを用いるから，利用者からみると多数の人が同時に使用しているように見える．第2世代の携帯電話と呼ばれる日本の PDC（Mova），欧州の GSM は TDM を使っている．また通信の概念とは異なるが，1台のコンピュータを多数の利用者が同時に使う場合には，オペレーティングシステムが job を短時間で切り換えている．

- **周波数分割多重方式**（frequency-division multplex：**FDM**）　複数の電波の周波数を用いて通信を行う．通信ケーブルを用いる場合でも有効である．例えば，ADSL は上りと下りで異なる周波数を用いて1本の電話回線で双方向（全二重）の通信を行っている．ケーブルテレビでは放送チャネルに準拠した周波数分割を用いている．光ファイバを用いた通信においては波長分割多重方式（wavelength division multiplex：**WDM**）と呼ばれており，異なる光の波長を使って1本のファイバで複数の通信を行うことができる．

- **符号分割多元接続**（code division multiple access：**CDMA**）　拡散符号を用いて変調するときに，複数の直交する拡散符号を用いて，復調したときに信号を分離する方法である．第3世代の携帯電話で使われている．

上のように分割した通信路を単独で用いれば，複数の通信が互いに衝突することはない．分割された個々の通信路を複数のコンピュータが使うためには，更に工夫が必要である．まず，図 4.1 に示す LAN の形状（トポロジー）を考察する．

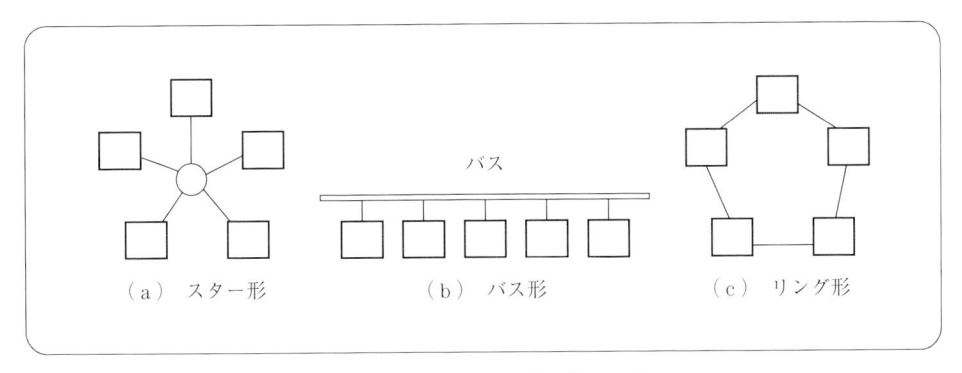

図 4.1　LAN の形状（トポロジー）

- **スター（星）形**　LAN の中に中心部があり，おのおののコンピュータは中心部に接続する．電話局が中央にあり，加入者からの市内電話回線が電話局に接続されている形である．中央に大形コンピュータがあり，端末から中央に配線してある形と考えてもよい．こんにちのイーサネットスイッチを用いた LAN は，スイッチあるいはハブを中心としたスター形の配線になっている．
- **バス形**　バスと呼ばれる通信ケーブルにおのおののコンピュータを接続する．イーサネットの原型は，同軸ケーブルのバスに複数のコンピュータを接続していた．いまでも多くの書籍では，イーサネットの説明をするときにバス形の図を用いている．
- **リング形**　複数のコンピュータを数珠つなぎに接続して 1 周するものである．光ファイバを用いた FDDI（fiber-distributed data interface）という LAN が代表的である．また，日本では少数であったが，米国のパソコンではトークンリング（token ring）の LAN を採用した機種があった．

次に，多重に行われる通信が衝突するときの回避策を考える．

- **トークン方式**　通常のデータとは区別できる特別なトークン（token）と呼ばれるデータ形式を用いる．このトークンを持っているコンピュータだけが送信権がある．人間社会でいえば，多人数の会議においてマイクを持っている人だけが発言できるという場合に似ている．特定のコンピュータがトークンを保持し続けると，他のコンピュータがいつまで待っても送信できない．これを防ぐためにトークンの保持時間に制限を設ける．また，何かの障害が起こって複数のトークンが発生すると混乱する．このような注意事項があるものの，トークン方式は LAN を実現する技術の一つである．
- **衝突検知方式**　イーサネットでは，1 本のケーブルを共有する．事前に無通信であることを確認してから送信を始めたとしても，結果として同時に複数の送信が起こることがある．通信が衝突した場合には，データが壊れるから相手側に正しく届かない．衝突を検知した場合には再送信する．再送信のデータが再び衝突する確率を下げるために，いろいろな工夫が施される．

イーサネットでは時分割を用いていない．また信号を変調しない（これをベースバンドという）．ただし，イーサネットと類似の方式をケーブルテレビの放送用の 1 チャネルを用いて行う製品が存在した（商品名 Sytek）．また，広域の光ファイバでは WDM が広く用いられている．その波長の一つをイーサネットで使用する場合がある．

イーサネットの形状は，スター形あるいはバス形の配線である．また，多重通信を衝突検知で行う．具体的な動作を次節で解説する．

4.3 イーサネットの原型

　こんにちのイーサネットは，最初の形態よりも進化している．ここでは，基本的な考え方に注目するために，原型のイーサネットについて紹介する．イーサネットの物理的な形態は，初期には同軸ケーブルを用いていた．1本の同軸ケーブルに多数のコンピュータを接続する．ケーブルが1本しかないから，同時に通信できるのは送信側が1台，受信側が1台のペアに限られる．

　このような1本のケーブルを用いて，見かけ上は多数の通信を行うことができる．そのために，イーサネットでは **CSMA/CD** 方式を採用している．ここで，CS（carrier sense）とは，信号が乗っているキャリヤ（搬送波）を見張るという意味である．自分が送信する前には，必ず同軸ケーブル上の信号（キャリヤ）を見張っていて，もし他の通信が行われていた場合には送信するのをやめて，少し待ってから再びキャリヤをセンスする．次の MA（multiple access）は，1本のケーブルで多重にアクセスが可能であるという特徴を述べている．最後の CD（collision detection）は，衝突の検出を意味する．

　この衝突を検出するところがイーサネットの特徴である．いかにキャリヤを見張っていても，2台のコンピュータが同時に送信を始める可能性がある．このような場合に備えて，ケーブル上に流れる電気信号を観測する．もし，信号が衝突した場合には電圧が上昇する．あるいは自分が送信しているときに別の信号を受信することになる．いずれにしても衝突を検知できる．もし，衝突を検知した場合には，少し待ってから再送信する．このときに，双方が同じ待ち時間ののちに再送信すると，再び衝突してしまう．そこで待ち時間に乱数の要素を加える．また，再三にわたって衝突する場合には，待ち時間を2倍として，さらに乱数を加える．このように再送信しても，16回失敗する場合には，何か問題があるとみなして送信するのをあきらめる．

　ここで紹介したようなイーサネットの原型の製品は，現在ほとんど残っていない．図 4.2 に，大学の構内に残された昔のイーサネットの**同軸ケーブル**を示す．壁に沿ってケーブルが巻いてあり，その端が写っている．

　同軸ケーブルの両端には終端抵抗（terminating resistor, terminator）を付ける．これによって信号の反射を防ぐ．同軸ケーブルにコンピュータを接続するには，ケーブルの途中

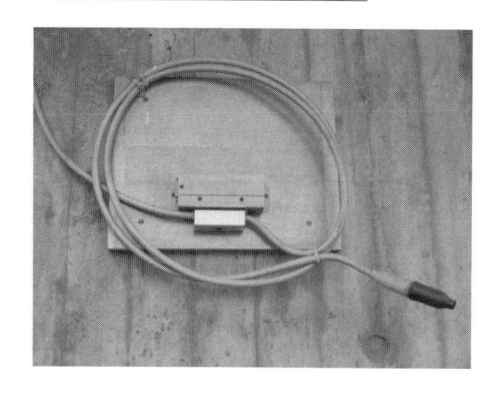

図4.2 イーサネットの同軸ケーブル

を切断してコネクタ付きの接続箱を挿入するか，あるいはケーブルを切断せずに，側面に穴を開けて，同軸の心線に接触する針を指す．後者の接続方法を**バンパイア**（vampire，吸血鬼という意味）という．

なお，同軸ケーブル上では，一対の信号が流れるだけであるから，送信と受信の信号に区別がない．これに対して，最近よく使われる**UTP**（シールドなしのツイストペア）では送信用に2本，受信用に2本の導線を用いるので，両者を区別することができる．このような使い方を全二重（full duplex）という．

4.4 MACアドレス

MAC（media access control）は，データリンク層のプロトコルの一部を成す．MACというのは一般的な用語であるが，イーサネットの場合には，MACアドレスがイーサネットアドレスを指すことになる．

コンピュータに装備されているイーサネットのインタフェースカードには，製造時に世界で唯一の番号（アドレス）が付与されている．これは48ビットから構成されている．図4.3に示すように，アドレスの前半はベンダ（製造業者）の識別子（番号）であり，後半はベンダ内の識別子で通し番号（シリアル）となっている．ベンダのアドレスは，**IEEE**（Insitute of Electrical and Electronics Engineers）という米国電気電子学会に登録する仕組みになっている．

MACアドレスを使えば，世界中のコンピュータを識別することができる．正確にいえばイーサネットのインタフェースを識別できるということであり，この事実は大切である．イ

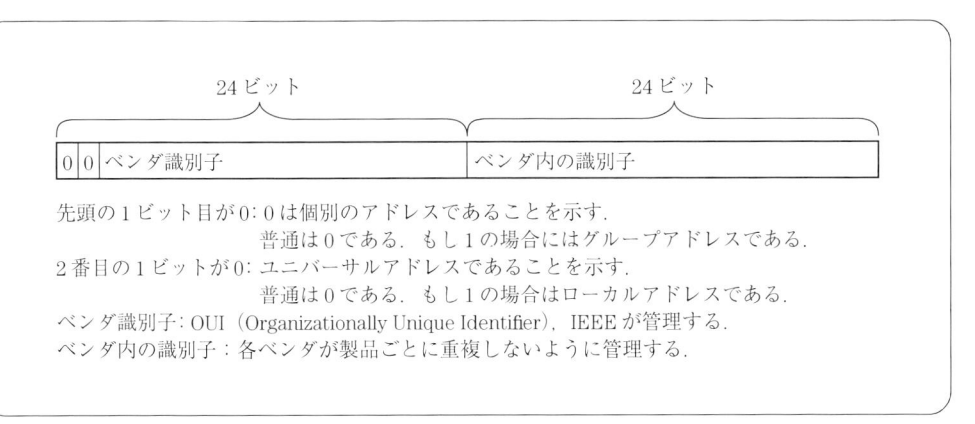

```
                24 ビット              24 ビット
              ┌─────┴─────┐      ┌──────┴──────┐
              ┌─┬─┬────────────┬───────────────────┐
              │0│0│ベンダ識別子│ ベンダ内の識別子  │
              └─┴─┴────────────┴───────────────────┘
```
先頭の1ビット目が0：0は個別のアドレスであることを示す．
　　　　　　　普通は0である．もし1の場合にはグループアドレスである．
2番目の1ビットが0：ユニバーサルアドレスであることを示す．
　　　　　　　普通は0である．もし1の場合はローカルアドレスである．
ベンダ識別子：OUI（Organizationally Unique Identifier）．IEEEが管理する．
ベンダ内の識別子：各ベンダが製品ごとに重複しないように管理する．

図4.3　MACアドレスの内容

ンターネットは世界中のコンピュータを接続するものであるから，何らかの識別子がないと混乱を招く．

4.5　イーサネットの限界

　上述のように，MACアドレスを用いれば世界中のコンピュータを重複なく識別することができる．それでは，MACアドレスを用いて世界規模のネットワークを構成できるのだろうか．答えはYesでもあり，Noでもある．

　まず，物理的な限界を考える．原型のイーサネットは同軸ケーブルの中を流れる電気信号である．ケーブルの距離が長いと信号が減衰し，また波形が崩れてしまう．そこで長さの制限がある．原型のイーサネットでは同軸ケーブルの最大長を500 mと定めている．この限界を超えるために，**図4.4**(a)のように，電気信号を受信して再生して送信する**リピータ**という装置を設ける．リピータは2台まで設置してもよい．つまり500 mのセグメントをリピータ2台を使って，3本まで接続することができる．これで1.5 kmまでの距離をカバーできる．

　規格を超えたケーブル長になると，信号が伝搬するのに時間がかかるようになり，キャリヤセンスをしてだれも使用していないと判断しても，実際には遠くのコンピュータが送信している可能性がある．

　1.5 kmの限界を超えるためには，図(b)のように**ブリッジ**という装置を使う．ブリッジ

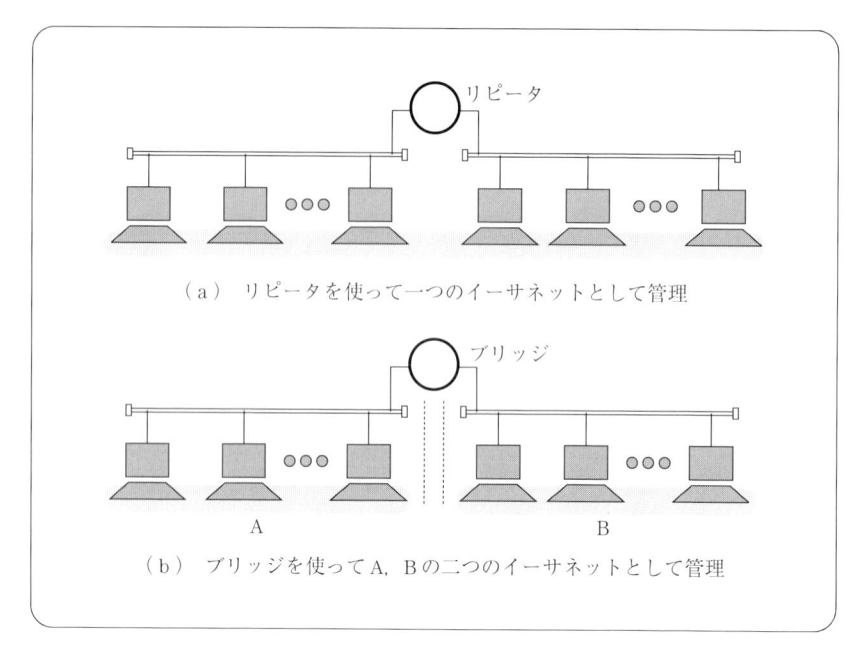

38　4．構内網（LAN）における通信

（a）リピータを使って一つのイーサネットとして管理

（b）ブリッジを使ってA，Bの二つのイーサネットとして管理

図 4.4　リピータとブリッジ

はリピータのように電気信号（物理層のプロトコル）を扱うだけではなく，イーサネットのフレーム（データリンク層のプロトコル）を扱う．つまり，ブリッジは二つのイーサネットを別々のネットワークとして扱う．CSMA/CD の制御が独立に行われるから，距離は関係がなくなる．ブリッジはイーサネット上を流れるイーサネットのフレームを観測して，そのヘッダに含まれる MAC アドレスを見る．送信元のアドレスを見れば，どのコンピュータ（の MAC アドレス）が自分のどちら側に接続されているか分かる．これを記憶しておく（学習するともいう）．二つのイーサネットの間で中継が必要な場合にはブリッジが仲介する．

これはイーサネットのフレームを片方から受け取り，もう一方のイーサネットの信号として送信することを意味する．このようにブリッジを使うと全世界のコンピュータを接続することが可能である，かのように思える．それは接続する台数が少ないときには真理である．ところがコンピュータの数が増加していくと，ブリッジの限界に達してしまう．

先にブリッジは学習することを説明した．つまり二つのイーサネットを接続するブリッジは，どのコンピュータがどちら側に接続されているかを記憶している．この記憶は動作速度の関係から，ディスク装置ではなく，メモリにある．世界中のコンピュータがブリッジで接続されていると仮定すると，次のような事態になる．あるブリッジの片方に 1 億台のコンピュータが接続され，他方にも 1 億台のコンピュータが接続されているとする．48 ビットの MAC アドレスがあれば，2 億台のコンピュータを識別することは容易にできる．1 億台

のMACアドレス（48ビット）は48億ビットになる．これはおよそ600 MBのメモリに相当する．このメモリにあるデータを高速に検索して動作しなければならない．現在では600 MBのメモリと聞いても驚く人はいないが，インターネットにTCP/IPが使われ始めた1983年には，コンピュータのメモリでも最大64 KBという程度であった．したがって，巨大なメモリを必要とするブリッジを初期の段階で想定することはなかった．

ここで注意したいのは，先に述べたMACアドレスの付与方法である．MACアドレス（イーサネットアドレス）は製造時に決定するので，利用者の環境で同じ場所に置いてあるコンピュータでもMACアドレスが似ているとは限らない．また，コンピュータあるいはインタフェースカードが故障して交換すると，MACアドレスが異なるカードが使われることになる．この情報を世界的に伝搬させるのは，データの量が多くなると無理である．

なお，リピータとブリッジの動作を区別するのに，OSI参照モデルの用語を使って説明できる．リピータは電気信号，つまり物理層の装置である．ブリッジはイーサネットのフレームの情報に従って動作する．つまり，ブリッジはデータリンク層の装置である．

4.6　解決策としてのIPアドレス（クラス）

上記のように考えてくると，インターネットにおける**IPアドレス**の役割が理解できる．まずIPアドレスというものを概観しておく．IPアドレスがMACアドレスと異なるのは，IPアドレスが利用者の環境において決定されることである．

ここでは**図4.5**に示す簡単な実例を取り上げよう．IPアドレス（**IPv 4**）は32ビットの

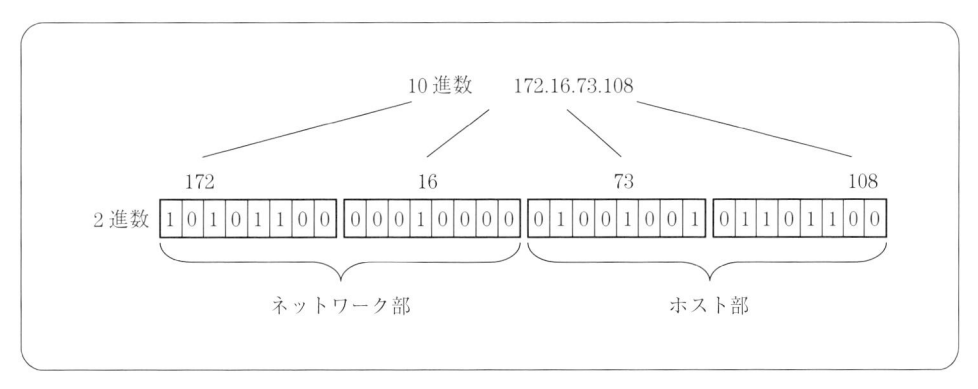

図4.5　IPアドレスの実例

数値であり，172.16.73.108 と表記されている．ドットで区切られた数字は 10 進数で，0〜255 の範囲にある．これは 8 ビットの 2 進数に相当する．この IP アドレスは，32 ビットの前半の 16 ビットがネットワークのアドレスとして割り当てられる．後半の 16 ビットは，そのネットワークを利用する組織の中で，具体的な数字を管理して割り当てられる．例えば，172.16.73.108 であれば，後半の 73.108 の部分をホストを識別するのに用いる．

ここで，前半の 172.16 の部分を**ネットワーク部**，後半の 73.108 の部分を**ホスト部**という．ホスト部のすべての桁が 2 進数の 1 の場合（255.255）は，ブロードキャストのアドレスである．また，すべての桁が 2 進数の 0 の場合は，このネットワークの全体を意味する．この二つの特別なアドレスは個別のコンピュータの識別には使わない．なお，172.16 で始まるアドレスは，実際には特定の組織には割り当てないことになっている特殊なアドレスである．いずれにしても，この 172.16 で始まる IP アドレスの例では自由に使えるホストアドレスは $256^2 - 2 = 65\,534$ 個となる．

IP アドレスの割当てが始まったころには，インターネットに接続されるコンピュータの台数が少なく，図 4.6 のようにクラス A, B, C の区別を導入すれば，合理的にアドレスの割当てができるように思われた．

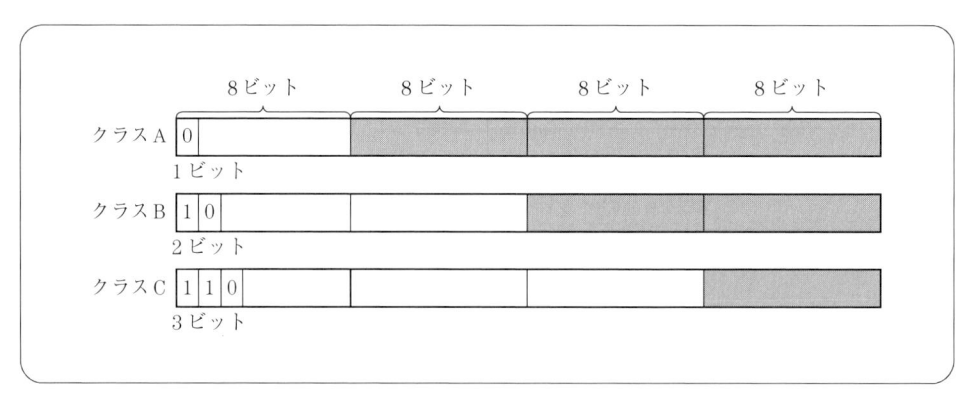

図 4.6 伝統的な IP アドレスのクラス

クラスの区別を以下に説明する．

クラス A のアドレスとは，最初の 8 ビットの部分をある組織（例：大学や会社）を指定する．残りの 24 ビットは各組織の中で管理して割り当てる．24 ビットというのは，$2^{24} = 16\,777\,216$ のアドレスを意味する．実際にはビットが全部 0 の場合と，全部 1 のアドレスは特別の用途があるので，コンピュータに割り当てない．それでも $16\,777\,216 - 2 = 16\,777\,214$ という台数のコンピュータにアドレスを付与することができる．一つの組織で $16\,777\,214$ 台のコンピュータを保有する例は現実には存在しないのではないかと思われる．いずれにしても大きな組織にクラス A の IP アドレスを割り当てる．ただし，クラス A のアドレスは先

4.6 解決策としてのIPアドレス（クラス）

頭の8ビットで与えられる．そのうちの先頭の1ビットは，クラスAでは必ず0となる．結局7ビットの2進数，つまり0～127までの128個しかクラスAのアドレスは存在しない．このうち0と127は割り当てられず，結局126個のクラスAしか使えない．

クラスBは，上と同様に後半が16ビットであるから，$2^{16}-2=65534$個のアドレスを組織内に割り当てることができる．クラスBは中規模の組織に適応している．なお，クラスBは前半の16ビットで指定される．このうち先頭の2ビットは10となっているから，$2^{14}=16384$個のクラスBのアドレスがある．実際には，128.0というアドレスと，191.255というアドレスは特別の扱いを受けているので，16382個のクラスBのアドレスがある．先に紹介した図4.5の例（172.16.0.0）もクラスBである．

クラスCは，末尾の8ビットが組織内のアドレスとなる．$2^8=256$であるが，上と同様に$256-2=254$個が使用できる．クラスCは小規模な組織に適する．なお，クラスCのアドレスは2^{21}個がとれるから数が多い．実際には，192.0.0と223.255.255とは特別な用途に予約されている．それでも2 097 150個ある．

このような伝統的な割当て方法を見ると，多くの組織ではクラスBの割当てを受けたいと思うだろう．実際に，そのような現象が起こり，クラスBに割り当てるべき数字が次々に割当て済みとなり，将来の割当に使える数字が，どんどん減っていった．インターネットが拡大する時期には，1年間でIPアドレスの総数が2倍になるという勢いがあったから，アドレス用の割当て数字が枯渇する恐れが生じた．

そのため，現在では伝統的な割当て方法であるクラスの区別を行われない．新しい割当て方法である **CIDR**（classless inter-domain routing）では，伝統的なクラスCのアドレスを連続して一つの組織に割り当てたり，クラスAの数字を区切って，複数の組織に割り当てたりしている．

IPアドレスの特徴は，インターネットに接続している組織では，その中にあるコンピュータのIPアドレスの先頭の数字が同じになることである．例えば，早稲田大学ではIPアドレスの前半が133.9である．この性質を使うと，ブリッジのところで問題になったアドレスの数を大幅に削減することができる．クラスBの例を使うと65 534個のIPアドレスを，一つの数字133.9.0.0で代表することができる．IPアドレスの前半が133.9であれば，とりあえず早稲田大学に送ればよい．IPアドレスの後半の処理は大学の内部のネットワークで細かく管理すればよい．この方法の詳細は次章で述べる．

なお，32ビットのIPアドレスでは不足するという問題を根本的に改善するには，32ビットという桁数を増やせばよい．これが **IPv 6** である．

本章のまとめ

❶ **イーサネット**　古くから使われているLANの技術である．原型のイーサネットは1本の同軸ケーブルで，複数の通信を扱うことができる．ただし，ある瞬間には送信できるコンピュータは1台である．この制御を行うために，CSMA/CDという制御を行う．

❷ **MACアドレス**　イーサネットのインタフェースカードに固有の番号である．このアドレスは世界でユニークになるように付与されている．ただし，MACアドレスだけを使って全世界のコンピュータを区別しようとすると，膨大な数のコンピュータをうまく接続することができない．

❸ **IPアドレス**　ネットワーク部とホスト部に分かれる．ネットワーク部はインターネットに接続する組織（企業や大学）に割り当てられる数字である．ホスト部は各組織の内部で管理して重複しないように割り当てる．IPアドレスを用いると，個々のコンピュータを1台ずつ識別しなくても，ネットワークという単位で取り扱うことができる．

●理解度の確認●

問4.1　人間社会でイーサネットのCSMA/CDと同じような制御をする例があるだろうか．全く同一でなくてもよいが，キャリヤセンス，マルチプルアクセス，コリジョンデテクション，の三種類を説明する例題を探せ．

問4.2　同軸ケーブルで構成したイーサネットのケーブル端の終端抵抗を外すと，どのような症状が出るか，予想して述べよ．

5 ルータと経路制御

　前章では LAN（構内網）を接続する代表的な技術としてイーサネットを紹介した．イーサネットでは MAC アドレスを用いてコンピュータを一意に識別することができる．ただし，MAC アドレスで膨大な数のコンピュータの相互接続を管理するには限界がある．

　本章では，いよいよ世界規模の接続を扱う．ここでキーワードとなるのがルータという装置である．インターネットは，多数の LAN をルータで相互接続したものとみなすことができる．ルータは経路制御を行う．そのときに使われるのが前章で紹介した IP アドレスである．

5.1 IPアドレスの詳細

　IPはネットワーク層のプロトコルである．全世界のマシンを接続するインターネットにとってIPは重要な基本技術である．IPを使った通信では，データをパケットの形で送受信する．

　IPパケットのことを**データグラム**（datagram）と呼ぶことがある．イーサネットのパケットのことを通常は**フレーム**と呼ぶ．イーサネットのフレームでは，「あて先」「送信元」の順にMACアドレスが書かれる．一般的にはあて先の情報の方が必要になることが多いため，この配置の方が合理的と思われる．特にコンピュータや通信装置の動作速度が遅い時代には，この配置に意味があった．

5.1.1　IPアドレスとMACアドレスの相違点

　IPパケットのフォーマットを図5.1に示す．ヘッダ部には「送信元IPアドレス」と「あ

IPパケットのヘッダ	IPの**データ**

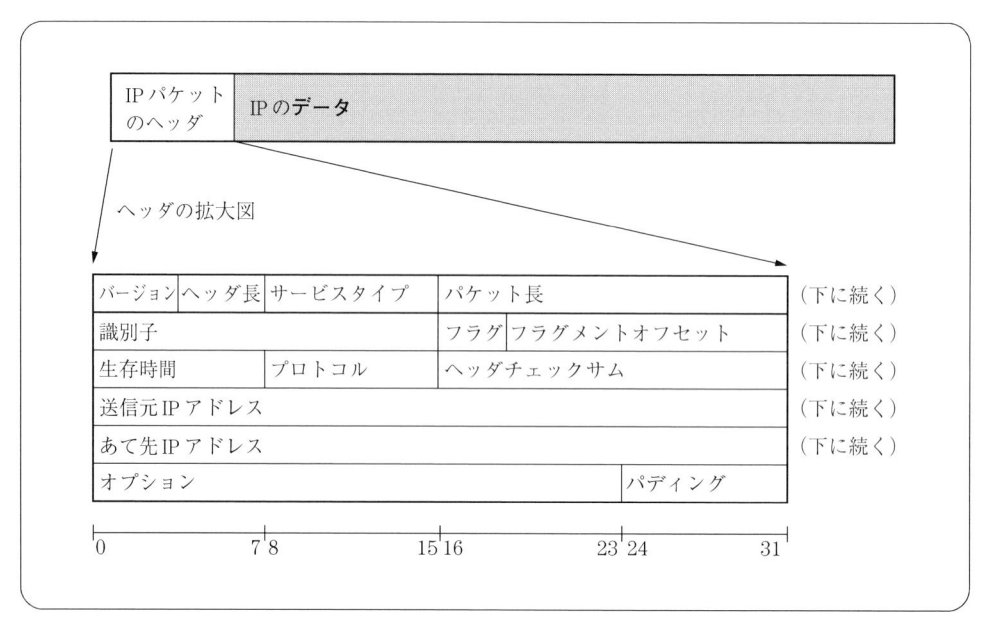

ヘッダの拡大図

バージョン	ヘッダ長	サービスタイプ	パケット長		（下に続く）
識別子			フラグ	フラグメントオフセット	（下に続く）
生存時間		プロトコル	ヘッダチェックサム		（下に続く）
送信元IPアドレス					（下に続く）
あて先IPアドレス					（下に続く）
オプション				パディング	

0　　　　　　7 8　　　　　15 16　　　　　23 24　　　　　31

図5.1　IPパケット（IPv4）のフォーマット

5.1 IPアドレスの詳細

先IPアドレス」が順番に書いてある（図3.1参照）．このアドレスはIPアドレスで表現されている．

IPには従来よく使われてきたversion 4（**IPv4**）とversion 6（**IPv6**）がある．図5.1に示したIPパケットはIPv 4である．両者の違いは数項目ある．最も大きな差異は，IPv 4ではIPアドレスが32ビットであるのに対して，IPv 6では128ビットである．なお，IPv 6を標準化する過程では，IPv 6を**IPNG**（IP next generation）つまり次世代のIPと呼んでいた．本書ではIPの説明にはIPv 4を用いる．原理的な動作はIPv 4とIPv 6に共通である．

前章でも述べたように，イーサネットを用いてインターネットに接続しているコンピュータは**イーサネットアドレス**（**MACアドレス**）を持ち，更に**IPアドレス**も持つ．この二つはMACアドレスが48ビット，IPアドレスが32ビット（IPv 4の場合）であるから同一のアドレスではあり得ない．

いずれのアドレスもコンピュータを一意に識別できる．このように二つのアドレスを持つのは一見すると冗長のようにみえるかもしれないが，実際には両者に存在意義がある．

MACアドレスは，ネットワークのインタフェースカード（コンピュータの部品）の製造時に決められており，ハードウェアに固定されているアドレスである．例えば，コンピュータの部品であるカードが壊れて，修理したときに新しいカードに置き換えたとすると，そのコンピュータのMACアドレスは変更されることになる．

IPアドレスは，コンピュータの利用する場所で設定する．つまり製造時からみればあとになって決められる．IPアドレスは32ビット（IPv 4の場合）である．これを読みやすくするために，8ビットずつ区切る．その区切を10進法で表記する．一つの区切は8ビットであるから10進法で表記すれば0〜255の値を取る．

4.6節で説明したように，例えば早稲田大学のIPアドレスは133.9.0.0である．この上位の2桁の133.9が早稲田大学のアドレスで，下位の16ビットは早稲田大学の中で自由に使える．ただし，「すべて1」「すべて0」のアドレスを除く．結果として$2^{16}-2=65\,534$個のアドレスを早稲田大学の内部で使用できる．

5.2節で述べるように，ルータは先頭から133.9を見て「早稲田大学のアドレス」と理解してパケットを転送する．イーサネットのブリッジが各マシンのMACアドレスを管理していたのに対して，**ルータ**は1台ずつの個別のマシンでなく，IPアドレスによってまとめられたネットワークごとに管理している．

5.1.2 ARP アドレス解決プロトコル

図 5.2 のような簡単な構成のネットワークを考える．コンピュータ A からコンピュータ B にデータを送るときに，普通のインターネットの応用（6 章参照）であれば，相手先を**ドメイン名**で指定する．例えば，コンピュータ A で Web のブラウザを走らせているときにコンピュータ B を指定するには，ドメイン名で example.goto.waseda.ac.jp のように表す．

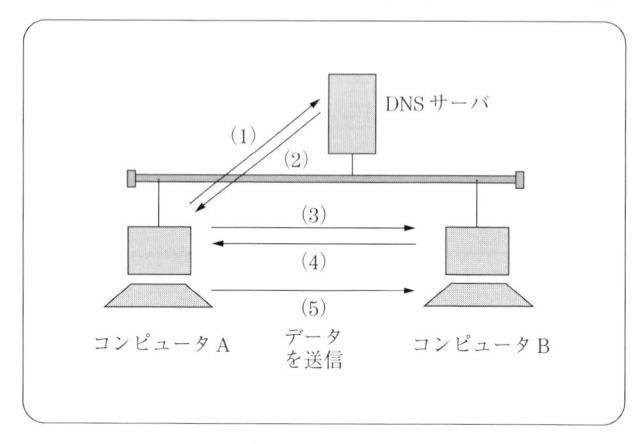

図 5.2 簡単な構成のネットワーク

実際の通信を行うためには，IP アドレスが必要である．そこでコンピュータ A は **DNS**（6 章参照）を用いて，ドメイン名から IP アドレスに変換する（図の(1)と(2)）．この IP アドレスを用いて IP パケットを構成すれば通信ができる．ところで，図の実際の通信路はイーサネットであるから，コンピュータ B の MAC アドレス（イーサネットアドレス）を用いて，イーサネットのフレームを作って送信する必要がある．コンピュータ A は，コンピュータ B の IP アドレスを知っているが，MAC アドレスまでは分からない．そこでコンピュータ A は，アドレス解決プロトコル（**ARP**）を用いて，IP アドレスから MAC アドレスを調べる．コンピュータ A は ARP のプロトコルに従って，問合せのパケットを図のネットワークのセグメントにブロードキャストする（図の(3)）．ブロードキャストというのは同じイーサネットの範囲のコンピュータ全員あてに送信することである．コンピュータ B は ARP の問合せを受信し，自分自身の IP アドレスが問合せの対象になっているから，この ARP に回答するパケットを返信する（図の(4)）．このようにしてドメイン名から IP アドレスを経て，MAC アドレスに変換される（**図 5.3**(a)）．

上述のように，ARP は IP アドレスから MAC アドレスへの変換を行う．**RARP**（reverse ARP）は MAC アドレスから IP アドレスに逆向きの変換を行う．このような仕組みが有効なのは次のような場合である．図(b)においてコンピュータ C はワークステーション，コンピュータ D はディスクレスワークステーションである．

5.1 IPアドレスの詳細

```
ドメイン名：  example.goto.waseda.ac.jp
             ⇩ DNSによる
IPアドレス：  133．9．81．79
             ⇩ ARPによる
MACアドレス： 00：08：0D：43：5A：D8
      （a） IPアドレスからMAC
           アドレスへの変換

           RARPによる問合せ ⇐
    ┌────────────────────────┐
    │                         │
    │      RARPの回答 ⇒       │
   ┌┴┐                      ┌┴┐
ディスク コンピュータC      コンピュータD
        ワークステーション   ディスクレスワークステーション
                           （自分のMACアドレスを知っているが
                            自分のIPアドレスを知らない．）

IPアドレス：  133．9．81．79
             ⇧ RARPによる
MACアドレス：00：08：0D：43：5A：D8
      （b） MACアドレスからIPアドレスへの変換
```

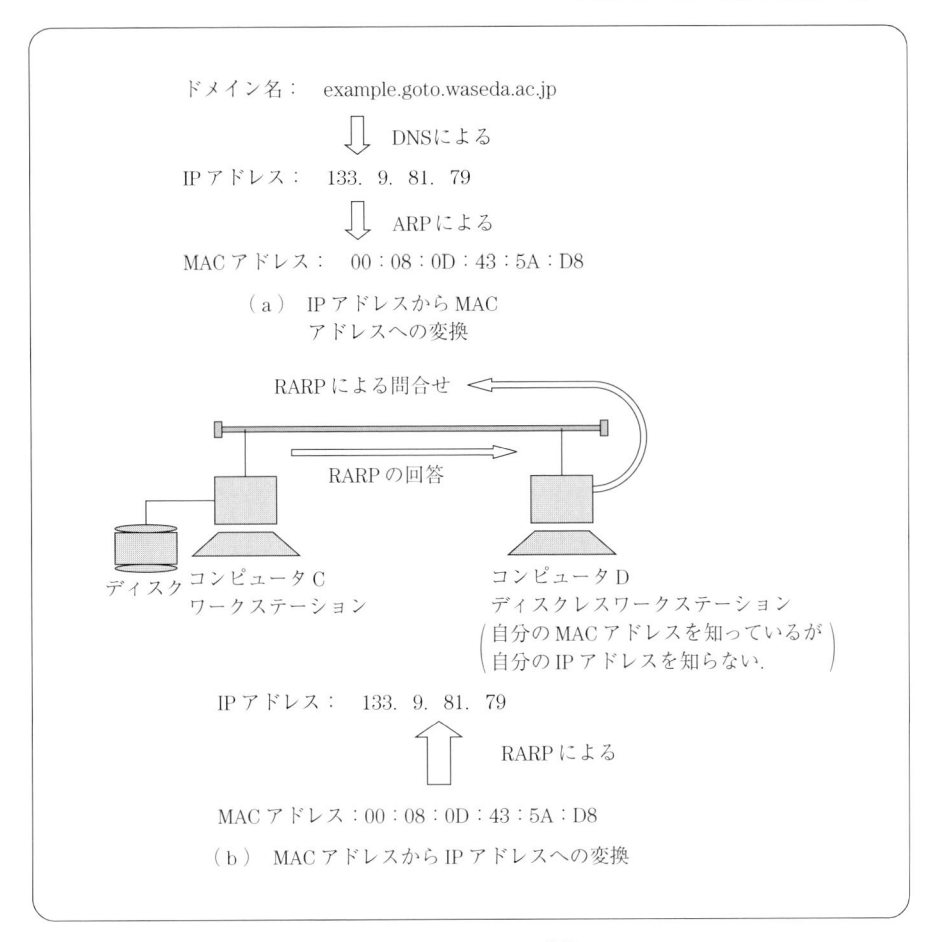

図5.3 アドレスの変換

　通常のワークステーションであればCのようにディスクが接続されている．Dはディスクレスという名前のように，自らはディスクを保持していない．このようなDが動作をするためには，Cのディスクのある部分にDが使用する領域が確保されている．

　問題は，ディスクレスのDが起動するときである．Dは自分自身のMACアドレスを知っているが，自分のIPアドレスを知らない．そのIPアドレスの情報はCのディスクの中にある．MACアドレスはハード的に固定されているから，Dのネットワークインタフェースカードの中に記録されている．DはRARPを使って，既知のMACアドレス（この場合は自分自身のMACアドレス）からIPアドレスを知ることができる．このようにして通信を始めることができる．あとはCのディスク領域から必要な情報をブート（初期転送）すればよい．ディスクレスワークステーションを使うと，ディスクを集中管理することができるために，多数のコンピュータを並置するような場所で使うと，能率的に管理できるという特徴がある．このように，個々のワークステーションにディスクを持たせなくても運

転できることは覚えておくとよい．最近では，これと同じような技術が**ネットワークコンピュータ**，あるいはネットワーク端末という名前で呼ばれている．

5.1.3 クラスとクラスレス

前章で紹介したように，IPアドレスにはクラスA, B, Cという区別があった．現在では後述するようにクラスレスの考え方が用いられているが，クラスは重要な概念であるから，ここで図4.6を参照して復習をしておく．

- クラスAは上位8ビットが0～127の範囲にある（先頭ビットが0で始まる）．下位24ビットを自由に使える．$2^{24}-2=16\,777\,214$個のアドレスを割り振ることができる．
- クラスBは上位8ビットが128～191（先頭ビットが10で始まる）．下位16ビットを自由に使える．$2^{16}-2=65\,534$個のアドレスを割り振ることができる．
- クラスCは上位8ビットが192～223（先頭ビットが110で始まる）．下位8ビットを自由に使える．$2^{8}-2=254$個のアドレスを割り振ることができる．

IPアドレスを必要としている組織あるいは個人はIPアドレスを適切な機関に申請する．この申請を受け付ける機関については8章で説明する．申請者がどのクラスのIPアドレスを割り当ててもらうことができるか，その個数に注目して説明する．以前には申請者（組織，人）が使用するマシンの台数によって決められていた．割当ての基準は過去において一定であったわけではないが，一つの指標は，申請者が申請時から2年後に使用していると予想されるマシンの台数をカバーできるように配慮されていた．

そのように割当てを行うと，小さな組織はクラスC（254個のIPアドレス）で足りる．それを超える組織にはクラスB（65 534個）を割り当てる．多くの組織は254個で満足できるほど小さくなかったために，クラスBの割当てが頻繁に起こる．この結果，クラスBの空間の半分くらいが実際に割り当てられてしまった．インターネットに接続するコンピュータの台数が増えていた時期には，年々倍増していた．そのまま放置するとクラスBに割り当てる空間がなくなってしまうと思われた．

そこで，IPv6（当初はIPNGと呼ばれた）によりアドレスに使うビット数を4倍に広げた．これによって将来のアドレス空間を拡大することにした．ただし，IPv4からIPv6への変換が世界中で一斉に実現できるわけではない．そこで，IPv4のアドレスの割当てを効率的に行うために**クラスレス**という方針をとることになった．

クラスレス（**CIDR**）の方針では次のような割当てを行う．従来のクラスBのアドレスを割り当てる代わりに，クラスCの「連続したブロック」256個を割り当てる．ここでは，連続したIPアドレスのまとまり（ブロック）を一つのアドレスとみることが必要である．

CIDR ではクラス B のアドレスを 133.9.0.0/16 のように書くことで「上位の 16 ビットが同一の IP アドレスのブロック」という意味を表す．下位のビットは組織ごとに管理する．これはクラス B の管理方法を「/16」と言い換えたにすぎない．同様に，従来のクラス A, B, C はそれぞれ /8, /16, /24 と同じことになる．クラスは A, B, C の三種類だけであったが，/8 と表記すれば，/9, /10, /11, ... のように区切りを 1 ビットずつ変更することができる．

もっとも，クラスレスという考え方は割当て方針だけで済むものではない．ルータにおいても，ネットワークの区別が /9 でも /10 でも /11 でもできるようになっていなければならない．このことを理解するためにはルータの動作の理解が不可欠である．

5.2 ルータの基本動作

ルータは二つ以上のネットワークの境界点である．図 5.4 のようにルータは複数のネットワークを接続する．ルータに IP パケットが入力されると，ルータはルーチングテーブル（**経路制御表**）を参照してパケットの行先を決める．ルーチングテーブルはルータの内部メモリに保持されている情報である．

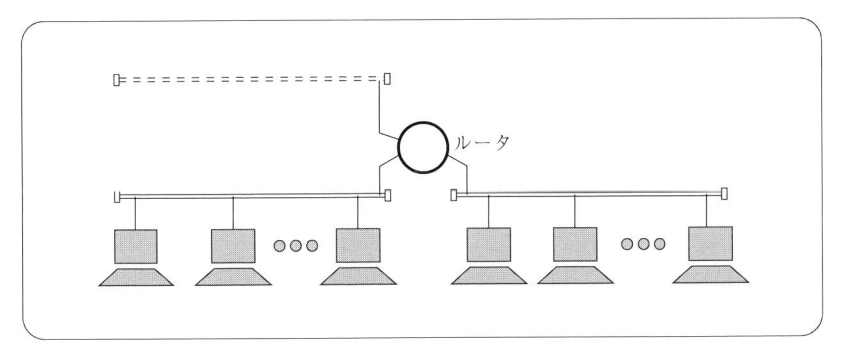

図 5.4　ルータは複数のネットワークを接続する

ルーチングテーブルに記載されている情報を，道路の例と対比して説明する．東京都内のある交差点に図 5.5 のような標識が立っていたとする．この交差点に自動車で到着した人が，例えば目黒まで行くには，右へ行くべきか，左に行くべきか分からない．道路の場合には交差点に都内の地図が掲げてあるわけではない．

パケットには人間のような判断能力がない．パケットの進む経路を決めるのはルータの責

5. ルータと経路制御

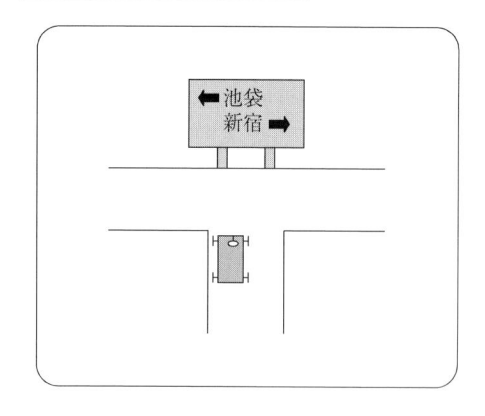

図5.5 交通標識だけでは，遠方までの情報は分からない

任である．ルータは隣のルータと情報交換を定期的に行う．これを**ダイナミックルーチング**という．自分の隣のルータは，そのまた隣のルータと情報交換をする．これが反復されるから，多少の時間が必要であるが，全部のルータが情報交換をすることができる．

ルータの交換する経路情報の表現方法には何種類かのプロトコルがある．ここでは一番簡単な **RIP**（routing information protocol）というプロトコルに近い方法を道路の例を使って説明する．

図5.6(a)のように，巣鴨，池袋，新宿，渋谷，目黒，五反田という複数のルータが直線

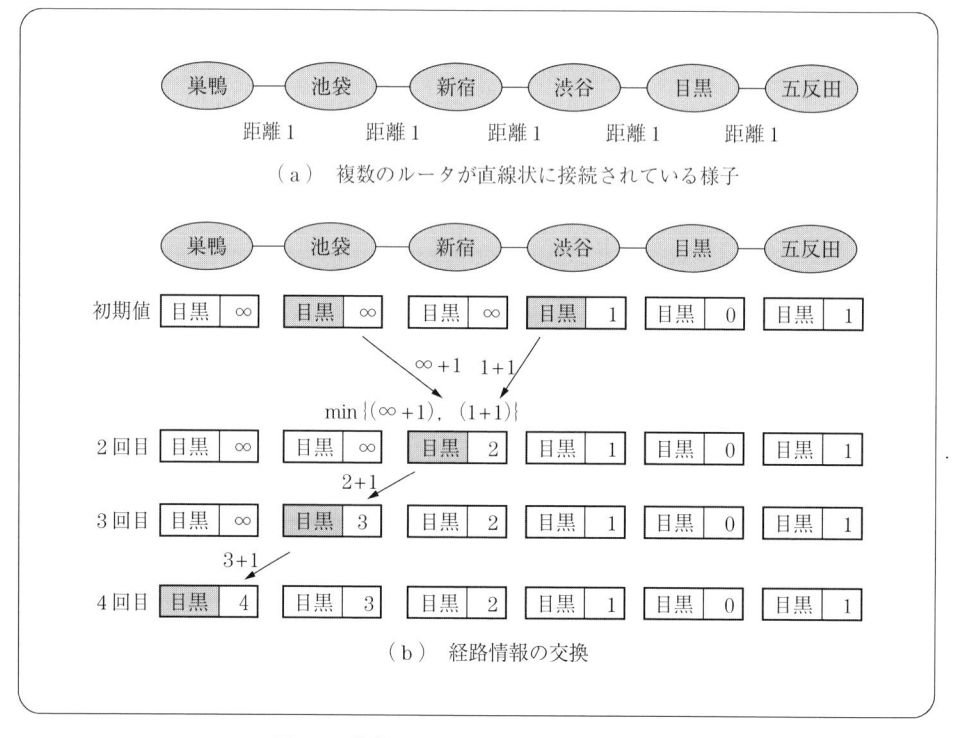

図5.6 複数のルータによる経路情報の交換

状に接続されているとする．このルータの名前は，それぞれのルータが受け持っている
LAN の名前も兼ねている．各ルータは自分の隣のルータの名前と，隣のルータが接続されている方向（図上でいえば自分の右か左かという区別）を最初の情報として教えてもらう．

　ルータがダイナミックルーチングに従って情報交換を始めると，次のように情報が伝搬する．各ルータは自分の隣のルータに対して，自分の保持している経路情報を教える．
その内容は，ルータの名前とルータ間の距離（すべて1であると仮定）である．

　新宿のルータが最初に隣から受け取る情報は，図（b）のようになる．新宿から池袋までの距離は1，新宿から渋谷までの距離も1であるから，新宿のルータは隣から送られてきた情報の距離の数値に1を加算し，距離の小さい情報の方を取る．最初の新宿の状態では目黒までの情報がない．この場合には新宿から目黒まで距離を無限大（∞）とみなす．

　現実のインターネットでは，世界中のすべてのルータの間で経路情報をやりとりするのは煩雑である．ごく少数のルータだけがフルルートと呼ばれる経路情報を交換している．

　なお，ここでは，距離を全部1として扱ったが，実際のネットワークでは通信回線の帯域なども考慮して，各種の要素を勘案することが多い．ルータにおける最短経路の計算は，グラフ理論における**最短経路**（shortest path）のアルゴリズムに相当する．

5.3　ルーチングプロトコル

　前節では，ルータが経路情報を交換するのに，ダイナミックルーチングを用いると説明したが，実際には，スタティックルーチングを用いることもある．

- **スタティックルーチング**　　ルータどうしが経路情報を交換しない．ルータのルーチングテーブルはネットワーク管理者が設定する．設定を変更しないかぎり同じ経路情報を使い続ける．
- **ダイナミックルーチング**　　ルータどうしがルーチングプロトコルを用いて，経路情報を定期的に交換する．ネットワークに変更が生じた場合には，伝搬するのに多少の遅延が生じるものの，自動的に経路情報に反映される．

　スタティックルーチングでは，管理者がルータのコマンドなどを使って手動で経路を設定したり，あるいはあらかじめ用意しておいたファイルをルータに転送するなどの方法で設定する．ネットワークの構成が単純な場合には有効である．ただし，ネットワークの形状が変

化する場合には再設定が必要である．大規模なネットワークをスタティックで管理するのは現実的ではない．

ダイナミックルーチングに使われるプロトコルにはいくつかの種類があり，それぞれに特徴のある手法を用いている．

- **距離ベクトル形**　ルーチングプロトコル RIP では，すべてのルータは他のルータへ到達するための距離（distance）と方向（ベクトル）を保持する．ここで方向というのは，どちら側の隣へ送信するべきか，という情報である．距離ベクトル形では隣接するルータ間で情報交換を行う．図 5.6(b)で説明した例は距離ベクトル形である．
- **リンクステート形**　ルーチングプロトコル OSPF で使われている経路情報の表現方法である．OSPF では隣のルータだけではなく，ある範囲のすべてのルータに自分の隣接するルータまでの経路情報を教える．このときに情報の伝搬が重複しないように管理する方法が OSPF に組み込まれている．規模が大きいネットワークでは RIP よりも OSPF の方がよく使われている．

距離ベクトル形では，自分からみた全部のルータへの到達距離を隣のルータだけに教える．リンクステート形では，隣のルータとの接続の状態だけを表現している情報を，全部のルータに教える．

なお，バックボーンネットワークで使われている BGP 4 というプロトコルでは，パスベクトル形という手法を用いる．BGP 4 ではネットワークをまとめた **AS**（自律システム，automonous system）という単位で経路情報を表現する．ある AS に到達するまでの途中の AS を並べて，その個数を距離のように扱って最短の経路を選択する．距離ベクトル形に類似しているが，表現方法が単なる距離ではない．

5.4　ルータの特徴

ルータの動作は IP アドレスを使って理解することができる．ただし，ルータの動作は IP つまりネットワーク層（OSI 参照モデル）だけではない．先に図 5.3(a)で ARP の説明をした．そのネットワークは，ごく簡単なものであった．実際には通信の相手は何台もルータを経由した先にあることが多い．そのような場合に，IP アドレスから ARP で MAC アドレスを求めると，遠隔地にある IP アドレスから答が返るわけではない．ここがルータの役

割である．すなわち，ルータは自分が分担している遠隔地のIPアドレスに関しては，ARPに対して自分（ルータ）のMACアドレスを回答する．つまりルータは，IPアドレスを見て，適切に代理人の役割を果たす．ARPは，ネットワーク層とデータリンク層の両方に関係する．

ところで，情報通信の世界では日本は活躍している国である．ただし，ルータの分野では，世界の過半のシェアを米国のCISCO社が占めている．ルータというのは特殊な通信機器なのだろうか．ルータには二面の性能と機能が求められる．あたかも昔の武士の「**文武両道**」のようなものである．まず「武」とはルータの転送能力である．これは単位時間に何万パケットの転送をすることができるか．この性能を問題にする場合にはルータの内部処理をソフトウェアで実現したのでは処理速度が遅くなる．できるだけハードウェアで処理する設計となる．このような性能競争は日本のメーカにとっては得意な分野のはずである．CISCO社の製品が日本製の半導体部品に依存していたこともある．

一方で，「文」すなわち多くのプロトコルを一つのルータで処理できなければならない．これは一朝一夕には実現できない．インターネットがIPというプロトコルを基本とするといっても，実際にはルータが処理するプロトコルはIPだけではない．安価なルータであればIPを中心として構成すれば足りるが，上位機種はコンピュータに匹敵するような種々の機能を具備していなければならない．

バックボーンをつなぐルータどうしはベンダー独自のプロトコルで通信する．既にCISCOが半分以上のシェアを持っている．システム管理者は互換性の観点から，新しいルータを導入するときは，CISCOのルータを好むようになる．このような事情もあり，ルータの世界でCISCOにいどむのは難しくなってしまう．このバランスが崩れるとすれば，ルータの性能あるいは機能の面で，従来の姿と大きく変化するような局面を迎えたときであろう．

本章のまとめ

❶ ルータはIPアドレスを元にして経路制御を行う．このときに個々のコンピュータのアドレスを扱うのではなく，IPアドレスによって表現されたネットワークを単位として動作する．ルータの機能上は，個々のコンピュータのアドレスを指定することも可能であるが，経路情報を表現するのにネットワークを単位とすると情報を少なくすることができる．

❷ ルータの動作には，スタティックルーチングとダイナミックルーチングがある．

❸ 経路制御は最短経路を基本とする．複数の経路があるときは最短経路を選択する．

●理解度の確認●

問 5.1 IPv4 のアドレスは 32 ビットである．本文中に説明したように，32 ビットの数値のすべてを IP アドレスとして有効に使えるわけではない．ここでは単純に考えて，2^{32} の数字としての大きさを考えてみよう．問題は 2^{32} と世界の人口と，どちらが大きいか．

問 5.2 単純な距離ベクトル形のルーチングプロトコルには欠点がある．図 5.6(b) の構成のネットワークで，図 5.7 のように，目黒と渋谷の間の通信回線が突然切断されたとしよう．この切断の直後に渋谷のルータは，目黒からの情報がなくなり，これまでの距離 1 が距離無限大（∞）になる．その一方で，池袋のルータには，まだ古い情報が残っており，目黒まで距離 3 で到達できることになっている．すると，新宿のルータは「池袋まで距離 1，池袋から目黒まで距離 3」であるから目黒まで距離 4 と計算する．この距離 4 と距離∞を比べると，距離 4 の方が小さいから，新宿から目黒までの最短距離を 4 と計算してしまう．これは明らかに間違っている．単純な距離ベクトル形の計算に欠点があるという例を示した．この問題に対して，どのような対策を取ればよいか考えよ．

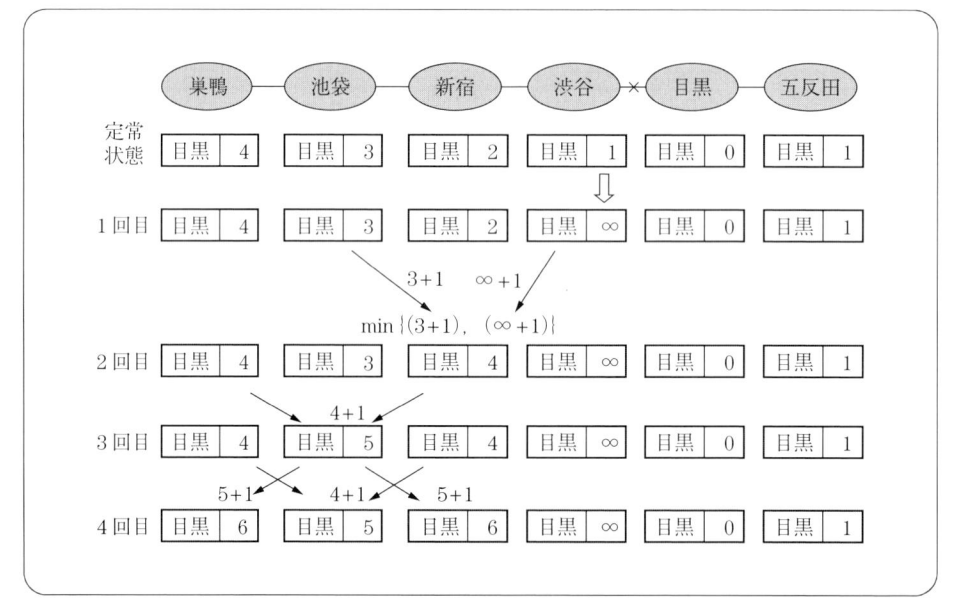

図 5.7 無限カウント問題

6 インターネットの応用

　応用（アプリケーション）という用語は広い範囲を意味する．インターネットを応用する場面は広範にある．例えば，電子メールで同窓会の案内を出して出欠の回答を求める．Webで電子商取引を行う．このような場合の「応用」は一般用語である．

　本章でいう応用（アプリケーション）とは，プロトコルの参照モデルでいえばアプリケーション層（第7層）の話題である．具体的には，TCPパケットのヘッダにポート番号の情報として表示されているのが，インターネットのアプリケーション（プロトコル）である．

6.1 ドメイン名システム（DNS）

図 6.1 に TCP パケットのヘッダを示す．ここで関係するのは，送信元およびあて先の**ポート番号**のフィールドである．

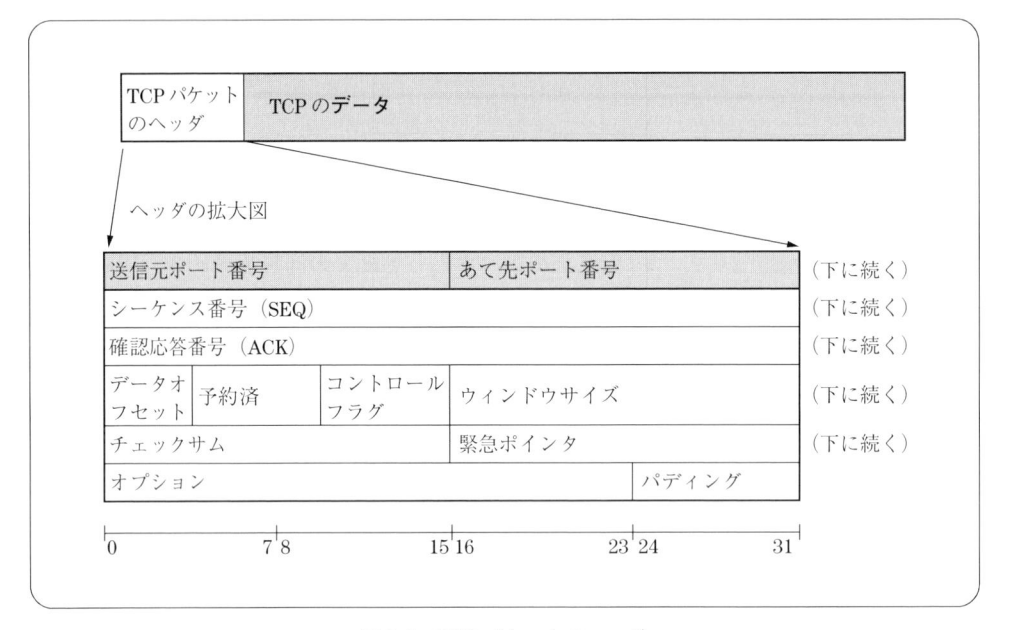

送信元ポート番号		あて先ポート番号		（下に続く）
シーケンス番号（SEQ）				（下に続く）
確認応答番号（ACK）				（下に続く）
データオフセット	予約済	コントロールフラグ	ウィンドウサイズ	（下に続く）
チェックサム		緊急ポインタ		（下に続く）
オプション			パディング	

図 6.1　TCP パケットのヘッダ

ドメイン名システム（DNS）は，利用者が直接に意識して使う場面は少ない．ただし，次節以降で述べる応用プロトコルを実際に使うときには，DNS が各応用に先立って使用される．こんにちのインターネットにおいて極めて重要なプロトコルである．

DNS を利用する例を，既に 5.1.2 項で紹介している．DNS の基本的な動作は，ドメイン名から IP アドレスへの変換を行うことである．

DNS では，IP アドレスからドメイン名への逆向きの変換を行うこともできる．このときには実際にデータを網羅的に逆向きに検索するのではない．逆向きの変換用のデータとして DNS にあらかじめ登録してあるデータの中から検索する．この記述は例えば次のように書かれる．最初の IP アドレスの情報が逆向きに並んでいることに注意する．更に in-addr.

arpa という特別なドメイン名が逆向きの変換のために使われる．このように.arpa というドメイン名が見掛け上は現れるために，この部分の記述に誤記があると，表1.1 で説明したように.arpa というドメイン名がホストカウントの対象になってしまう．

　　　　79.81.9.133.in-addr.arpa.　　IN PTR example.goto.waseda.ac.jp.

なお，本章の冒頭に，アプリケーションは TCP のポート番号で区別されると述べたが，DNS は通常は UDP (user datagram protocol) で動作する．UDP パケットにも図 6.2 のようにポート番号がある．

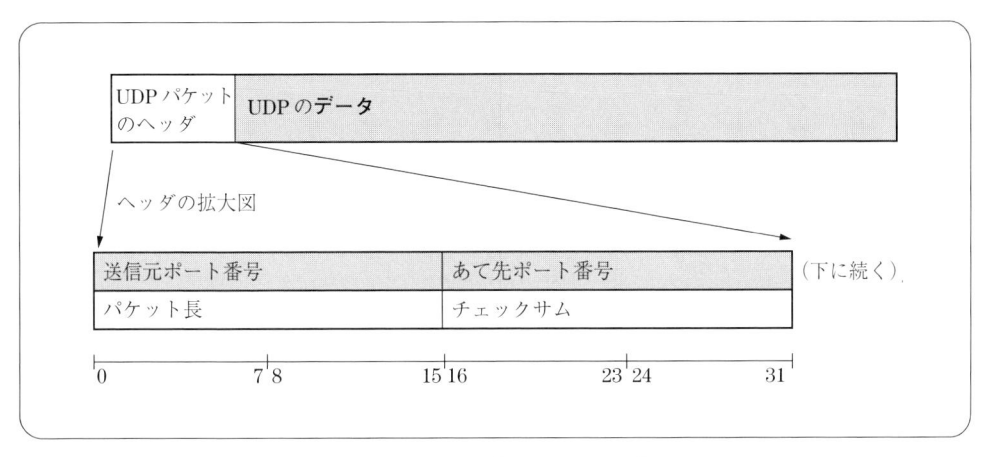

図 6.2　**UDP パケットのヘッダ**

6.2　電子メール（SMTP）

インターネットにおいて，**電子メール**が頻繁に使われている．電子メールのプロトコルは**SMTP** (simple mail transfer protocol) であり，その規定は **RFC 821** で定められており，SMTP で使用するデータの形式すなわち電子メールのフォーマットは **RFC 822** で規定されている．RFC という文書の意味は既に 1.2 節で説明した．インターネットが普及する過程では，TCP/IP 以外のプロトコルが多数存在しており，RFC 822 とは異なる電子メールの形式も存在していた．いまでもインターネット（TCP/IP）のメールという意味を強調する場合には，RFC 822 という表示をすることがある．

読者諸兄も毎日多数の電子メールを受信していることだろう．これまでの経験によると，

6. インターネットの応用

1人が1日に処理できるメールは200通が限度といわれる．200通というのは多いと思う人もいるだろうし，少ないと感じる向きもあるだろう．ここで比較のために電話で仕事をする場合を考えてみる．1日に200件の電話が掛かってきても仕事ができるだろうか．電子メールはリアルタイムの通信でないから，通信手段としては電話に劣ると考えている人もいるが，こんにちの生活は電子メールの便利さを抜きにしては成り立たない．

ところで，便利な電子メールであるだけに悪用されると困る．電子メールの便利な点は相手のメールアドレスだけを知っていれば通信ができる．これが弱点となる．悪い相手にメールアドレスを知られてしまうと，勝手にメールを送りつけてくる．大量の不特定の相手に電子メールを送信することを**スパム**（spam）という（スパムは，元来はソーセージの缶詰の商品名である）．

スパムの対策法は，本書の執筆の時点でも盛んに研究されている．決定的な対抗手段には到達していないが，種々の技術が開発され，多くの技法が実地に適用されている．

- 電子メールの文面の中にスパムに特徴的な言葉が出現することを利用して，普通のメールとスパムとを弁別する方法がある．（例；特定の薬品の名前，極めて高額のドルの金額の表示，『受け取りたくない場合には次のようにしてWeb画面上で操作すべし』という指示など）
- スパムのメールがよく経由する中継ホスト（メールサーバ）のリストを用意しておき，受信したメールのヘッダに含まれる経由サーバが，ブラックリストに掲載されているかどうかを判定する．
- スパムを発信するメールサーバの挙動が通常のサーバとは異なることを利用する．例えば，メールを受信側でいったん拒否すると，通常のサーバであれば時間をおいて（例；15分，30分）再び接続してくる．スパムに利用しているサーバは再接続しない，または短い時間間隔で再接続してくるので，その差を利用して判別する．
- より抜本的な対策として，メールの送信者を認証する技術がある．本書の執筆時点では，まだ広く使われるまでには至っていない．スパムのメールの発信者は差出人を詐称する場合が多い．現在提案されている技術は，個々の利用者を認証するのではなく，送信者のアドレスの属するドメインを認証する技術である．このドメインは，例えばISP（サービスプロバイダ）の単位になる．電子メールにはドメインに固有の情報を含む電子署名が付く．メールを受信した側では，そのメールが本物かどうかを電子署名によって確認することができる．

インターネットの原型となったARPAネットでは利用者が限られており，ネットワークを悪用しようという試みはなかった．このため，インターネットの原型においてはセキュリティの配慮が十分ではなかった．いわば古き良き時代である．例えば，昔のメールサーバで

は，他の組織あてのメールを受け取ると，適切に転送してくれた．例えば図6.3に示すように，早大から九大あてにメールを出すときに，うっかり阪大のメールサーバあてに送信してしまっても，阪大で適切に転送をしてくれたのである．

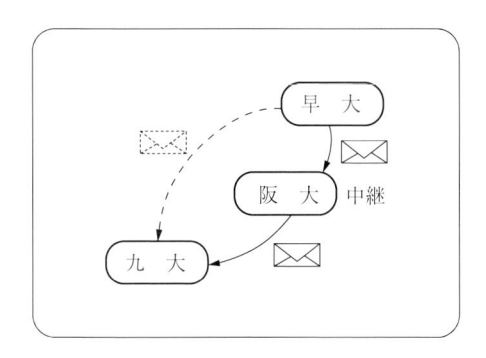

図6.3 親切なメールサーバ

こんにちでは，このような親切なサーバは，スパムを送信する人に利用されてしまう．何の制限も加えずに中継するサーバは，**フリーリレー**（free relay）と呼ばれる．このようなサーバは要注意としてブラックリストに掲載されてしまうという時代になってしまった．

6.3 ファイル転送（FTP）

インターネット上を流れているデータの分量（トラヒック）では，後述するWeb（HTTP），あるいはP2Pの割合が非常に多い．以前のインターネットでは，**ファイル転送**（FTP：file transfer protocol）の占める割合が多かった．

プロトコルとしての**FTP**は，制御用と転送用に二つのTCPのコネクションを使用する．コネクションという用語については7章を参照されたい．例えば図6.4に示すように，FTPの制御用にはポート番号の21番，データの転送用には20番を使用する．実際には21番で通信している間に，FTPのportコマンドを用いて使用するポート番号を指定する．

なお，実際に使われることは少ないが，FTPでは，A, B, Cという三つのマシンがあるときに，マシンAから指示を発して，BとCとの間の通信を起動することも可能である．

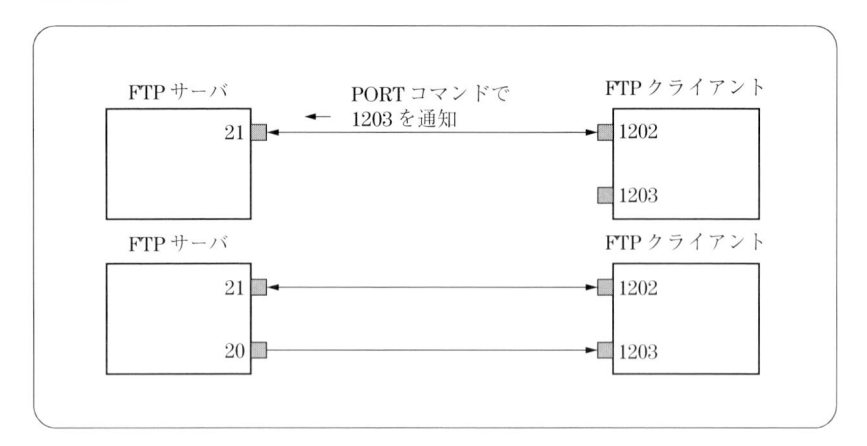

図 6.4　FTP のポート番号は複雑

6.4　遠隔ログイン（TELNET）

　こんにちでは，利用者の手元にあるパソコンの性能が向上している．それでも，すべての仕事が手元のパソコンだけで片付くわけではなく，遠隔地にあるコンピュータを利用することがある．これは性能の理由ではなく，特殊なソフトウェアを利用する場合もある．

　1 章で紹介した 1969 年の ARPA ネットの最初の接続のときに，UCLA のチームが SRI のコンピュータに最初に行ったことは遠隔からのログインであった．ただし，「LOGIN」という文字列を全部送ることができずに，「LO」まで送信したときにシステムダウンしてしまったという．なお，1969 年における ARPA ネットのプロトコルは TCP/IP ではなく，NCP と呼ばれるものであったから，こんにちの **TELNET** とは少し異なる．

　TELNET で遠隔地のコンピュータを利用するときには，手元のコンピュータは端末として働く．このような機能を**仮想端末**（virtual terminal）という．仮想端末を実現するソフトウェアは一見すると簡単に見えるかもしれないが，意外に複雑である．例えば，遠隔地の UNIX 端末を利用する場合の例を図 6.5 に示す．login: のあとにユーザ名を入力している．このときに利用者の入力した文字が，仮想端末の画面の上で見えるのは単にキーボードから入力した文字を表示しているのではなく，文字を遠隔地のコンピュータに送信し，それがエコー（復唱）されて返ってきた文字を表示している．login: のあとには password: を入力する．この部分は入力した文字が表示されない．これは TELNET のプロトコルの中でエ

```
% telnet hostwaseda.ac.jp
Trying 172.16.73.108...
Connected to hostwaseda.ac.jp.
Escape character is '^] '.
Red Hat Linux release 7.1 (Seawolf)
Kernel 2.4.2-2smp on an i 686
login: goto      ←── ここはユーザ名をエコーしている
Password:        ←── パスワードはエコーしない
```

図 6.5　TELNET の動作の例（遠隔地の UNIX 端末を利用する場合）

コー（復唱）をしないように制御しているからである．このように TELNET ではきめ細かな制御をしている．単に入力された文字を送信するだけではない．

なお，TELNET ではパスワードを入力すると，そのまま平文（暗号化されていない意味，plaintext）で通信される．これを傍受されるとパスワードが盗まれてしまう．単純に TELNET を使うことを禁止して ssh（secure shell）を推奨している組織が多い．この例は学内で行った記録を模擬している．実際には学外からの TELNET の利用ができないように設定してある．

6.5　Web（HTTP）

1980 年代の ARPA ネットの時代と，現在のインターネットを比較すると，大きな違いがある．一つは 1990 年以降に商用利用が認められたことである．二つ目は現在のインターネットでは，**Web** の利用が多いことである．Web のトラヒックが増えてきたのは 1993 年ごろである．この年に，米国の NSF ネットの統計で HTTP のトラヒックが初めて FTP を抜いた．なお，日本では 1993 年 9 月に，初めての Web サーバが運用を開始した．筑波の高エネルギー物理学研究所（略称 **KEK**，現在の高エネルギー加速器研究機構）である．Webが考案されたのはKEKとの関連の深い欧州の研究機構**CERN**（ジュネーブ）である．当時，CERN で膨大なデータの整理法を工夫していた**バーナーズリー**（Tim Berners-Lee）が，次のような項目を検討していた．

- データを管理する手法として**ハイパーリンク**（hyperlink）の技法が以前から知られて

いた．例えば，百科辞典の見出し項目をリンク先にすると，本文中で項目が使われている場所から，該当項目の説明にジャンプすることができる．ここで検討すべきなのは，図6.6(a)のようにリンクを単方向にするか（一方向へのジャンプ），それとも図(b)のように双方向のリンクにするかである．現在のWebのリンクは単方向である．双方向のリンクというのは，百科辞典でいえば，見出し項目から各用例の方にもジャンプできる構造になる．管理上は単方向が単純である．ただし，どこからリンクされているか相手が分からないという問題がある．

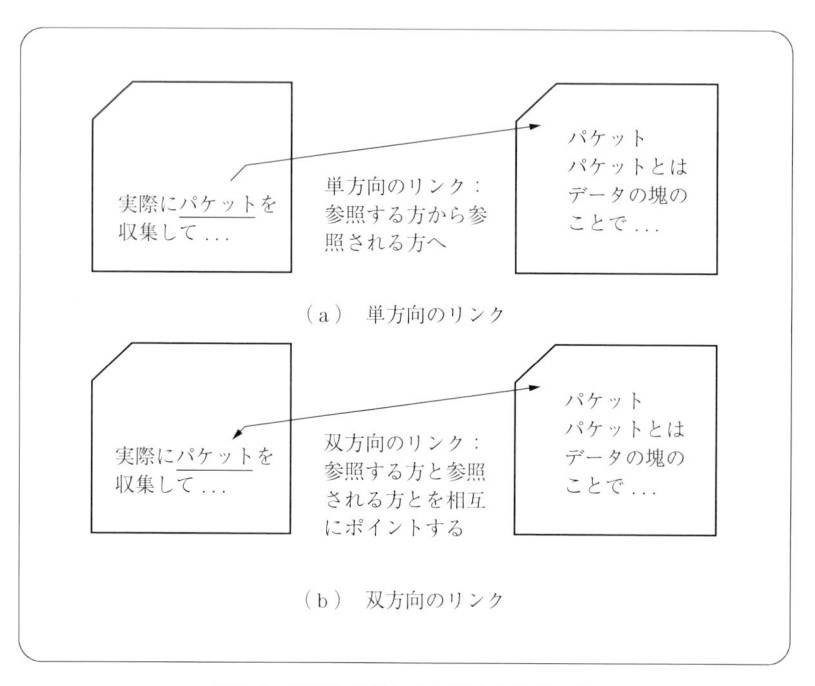

```
┌─────────────────────────────────────────────┐
│  ┌──────────┐                  ┌──────────┐ │
│  │実際にパケットを│ 単方向のリンク：  │パケット    │ │
│  │収集して...  │ 参照する方から参  │パケットとは │ │
│  │          │ 照される方へ    │データの塊の │ │
│  │          │              │ことで...   │ │
│  └──────────┘                  └──────────┘ │
│            （a）単方向のリンク                  │
│                                             │
│  ┌──────────┐                  ┌──────────┐ │
│  │実際にパケットを│ 双方向のリンク：  │パケット    │ │
│  │収集して...  │ 参照する方と参照  │パケットとは │ │
│  │          │ される方とを相互  │データの塊の │ │
│  │          │ にポイントする   │ことで...   │ │
│  └──────────┘                  └──────────┘ │
│            （b）双方向のリンク                  │
└─────────────────────────────────────────────┘
```

図6.6 単方向のリンクと双方向のリンク

● ハイパーリンクのジャンプする先が一つのファイルの中であれば，従来の技術でも実現されていた．Webではリンク先が遠隔地のコンピュータの中にあるファイルでよい．このためにURLを用いるが，通信のプロトコルはインターネットの主流になる（と当時でも思われていた）TCP/IPにするか，あるいは高エネルギー物理学でよく使われていたDECnetにするか，という選択があり得る．

バーナーズリーは，片方向のリンクとTCP/IPとを選択した．この判断は正しかった．その後は，高エネルギー物理学の分野だけではなく，世の中のあらゆるデータがWebで表示されるようになった．Webのデータを記述する表現方法をHTML（hyper text markup language）という．こんにちではXMLがよく使われるようになったが，その原型である．HTMLは，当時知られていたSGML（standard generalized markup language）を部分的

に採用したものである．SGML の全体ではなく，うまい具合に簡単なところを利用した点が成功の要因といわれている．

Web のサーバが整っていても，利用者から見れば適切なブラウザ（閲覧ソフト）がないと役に立たない．Web の**ブラウザ**としてはイリノイ大学の NCSA（National Center for Supercomputing Applications）が，**Mosaic** という優れたソフトウェアを無料で配布した．Mosaic は現在の Netscape の源流である．Mosaic が出現する前は **gopher**（6.7 節で述べる）には gopher 用のソフトウェアを用いていた．Mosaic は Web はもちろん，Web よりも先行して普及していた gopher を閲覧することができた．Mosaic はソフトウェアの動作が安定しており，Web の普及を促進することになった．

6.6 P2P

Ｐ２Ｐとはピアツーピアの意味である．2 を to と読ませるわけだ．ピア（peer）というのは同等の仲間という意味であるが，ネットワークの用語として **P2P** というときには，クライアント・サーバに対抗する用語として用いられる．

本章で述べてきた応用プロトコルの例においてもサーバが用いられる．DNS サーバ，TELNET サーバ，FTP サーバ，Web サーバという具合である．サーバとは機能を提供する側である．この機能を利用するマシンをクライアントという．サーバとクライアントがネットワークを経由して仕事を分担する形態は，インターネットの世界ではよく使われるものである（図 6.7(a)）．

これに対してＰ２Ｐの基本的な考え方は，図(b)のように，中心となるサーバが存在しない．実際には世界中のコンピュータのすべてを対等に考えるのが無理な場合もある．クライアント・サーバと純粋なＰ２Ｐの中間的な形態もある．

図(b)に示す**スーパーノード**は，Skype という電話機能を果たすＰ２Ｐソフトウェアの用語であり，Ｐ２Ｐの通信に参加する利用者のノードの接続情報を管理するのがおもな役割であって，データの通信には直接に関与しない．これまでにＰ２Ｐの形態で最も多く使われてきたのは，利用者の間のファイル共有である．実際の利用場面においては，著作権に対して注意を払わないようなファイルの共有を行う利用者が出現して，社会的な問題になったことがある．

64   6. インターネットの応用

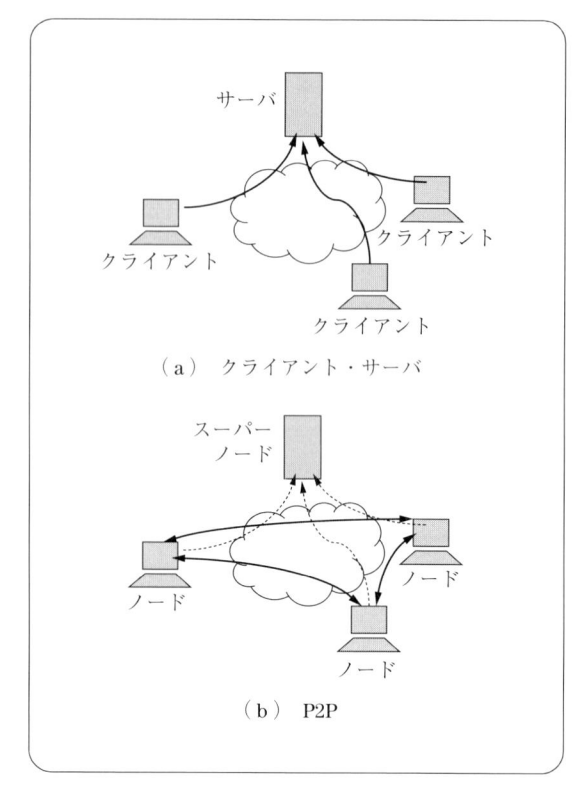

図 6.7 クライアント・サーバと P2P の比較

　P2Pという形態は，中心となるサーバが存在しない（あるいは中心となるノードの役割が少ない）ため，ネットワークの管理者にとってはやっかいな問題がある．つまり悪意を持った利用者がいると，それを追跡するのが難しい．このような社会的な問題が存在するのは事実であるが，インターネットが巨大化すると，サーバを中心とした構成では規模を十分に拡大することはできない．したがって，通信のモデルとしてP2Pの方向に向かうことは避けられないと思われる．

6.7 新しい応用

　6.5節で名前だけを紹介した **gopher** という応用（プロトコル）が Web（HTTP）が登場する以前にあった．gopher のポート番号は 70 番，HTTP（Web）は 80 番であるから，

独立のプロトコルである．gopher は Web のように複雑ではなく，データを階層的に整理する構造をなしている．データの検索には便利な機能があり，多くの米国の大学では学内の電話帳を gopher で検索できるようにしていたくらいである．あとにブラウザとして普及するイリノイ大学の Mosaic が優れていたのは，HTTP（Web）も gopher も一つのソフトウェアでブラウズできた点である．NCSA Mosaic は日本の研究者によって改良されて，日本語版，ハングル版，中国語版と広まっていった．

このような例を紹介すると，日本人は改良が得意だといわれる．あるいは「発明はせず改良するのが得意」といわれる．インターネットの歴史の表面だけをながめると，このような感想を抱くのも無理はない．

ところが gopher に似た機能を持つ日本独自のソフトウェアが 1980 年代に存在していた．その名前を **Avenue** という．作者は梅村恭司（当時は NTT 研究所，現在は豊橋技術科学大学教授）である．NTT 研究所のなかで電話帳の検索などに実際に使われていた．梅村の論文が残っている．このような先駆的な研究が日本あることは，読者諸兄にも，ぜひ理解をしておいていただきたい．

本章では応用のなかでは取り上げなかったが，インターネットにおいて多用されているプログラミング言語は **Java** である．Java の特徴は何項目もあるが，多くのプラットホーム（OS 環境）の上で走行すること，遠隔のマシンで実行できること，が従来の言語に比べると優れている．

このような特徴を持つ遠隔言語の先駆的な研究も日本にある．佐藤豊（当時は筑波大学の大学院生，現在は産業技術総合研究所）の研究である．佐藤の遠隔言語は，言語の仕様とプログラムを一緒に送信して遠隔地で実行する，とても強力な機構を備えている．このような当時としてはざん新なモデルが，日本のネットワークが電話線のモデムで実現されたいた JUNET の時代に研究されていたのは驚くべきである．日本人の発想が豊かな例として，ここに紹介させていただいた．

本章のまとめ

❶ 一般用語としての応用（application）の意味は広い．プロトコルとしての応用は，TCP あるいは UDP のポート番号で区別される．

❷ インターネットにおいて「日本は後追い」であるという指摘が行われることがある．しかし，実際には日本においても他国に先行した研究があることを認識すべきである．

6. インターネットの応用

●理解度の確認●

問 6.1 本章で紹介した応用プロトコル，SMTP と TELNET のポート番号を調べよ．（ヒント；IANA の Web ページ http://www.iana.org/assignments/port-numbers に一覧表がある）．

問 6.2 ポート番号の中にウェルノウン（well known）ポート番号と呼ばれる種類がある．これは一体何であるか．

7 超高速ネットワークの課題

　本章では TCP の特徴について検討する．それと同時に現在の TCP の限界にも触れる．

　現代の通信技術を象徴しているのは光ファイバによる通信技術である．光は速く，1秒間に地球を7周半（約30万km）する．ただし，1秒間という時間は，コンピュータにとっては長い時間である．ネットワークにおいて時間を問題にするときには，ミリ秒〔ms〕の単位を用いる．1ミリ秒間に光は300km進む．300kmという距離は東京から大阪までの距離よりも短い．

　本章では，距離の長さによって通信の遅延時間が無視できない場合を考える．遅延時間が，インターネットの性能を規定する重要な要因であることが分かる．

7.1 TCPとコネクション

　前章ではインターネットの応用（アプリケーション）プロトコルを紹介した．6.1節のDNSはUDPを用いているが，6.5節以降のSMTP, TELNET, FTP, HTTP（Web）はTCPを用いる．実際にインターネットのアプリケーションのほとんどはTCPを用いている．その理由はTCPの性質による．コンピュータ通信は次の二つに分類される．

① **コネクション型（コネクション指向）**　　**信頼性のある通信**と呼ばれ，ストリーム形ということもある．信頼性があるという意味は，エラーが起こらない．また送信したときのデータの順序が受信側で保たれる．これを，どのように実現するかを本章で説明する．コネクション型の通信の例はTCPである．コネクションという用語は2章の冒頭に登場していたが，そこではその用語の詳しい説明はしなかった．

② **コネクションレス**　　信頼性のない通信と呼ばれ，**ベストエフォート**と呼ぶこともある．コネクションレスの通信におけるパケットを**データグラム**ということがある．信頼性がないという意味は，パケット（データグラム）が通信の途中で紛失（損失）することがある．パケットを送信した順番に受信されるとは限らない．すなわち，個々のパケットの到達性が保証されない．個々のパケットは独立に扱われるため，順序が保証されない．コネクションレスの通信の例は，IPとUDPである．なお，ベストエフォートという用語は2.5節で登場していた．

　上の分類を説明するために，次の例題がよく引用される．コネクション型の通信の例は従来の電話である．最初に電話を掛ける．これがコネクションの確立に相当する．電話をしている最中はコネクションが確立している状態である．会話は連続したデータ（ストリーム）として扱われる．最後に電話を切る，つまりコネクションを終了する．

　実際のインターネットの通信では，図7.1のようにTCPが動作する．まず，TCPのコネクションの確立をするときに，一方から**SYN**（通信開始の合図）というデータを送る．このSYNというのは，TCPパケットのヘッダ（図6.1）のコントロールのフィールドのSYNのビットのフラグが1になっているパケットである．これを受信したコンピュータはSYNと**ACK**（acknowledge, 受信確認）のフラグが両方とも1になっているTCPパケットで応答する．これに対して最初のコンピュータもACKを返す．このように1往復半のや

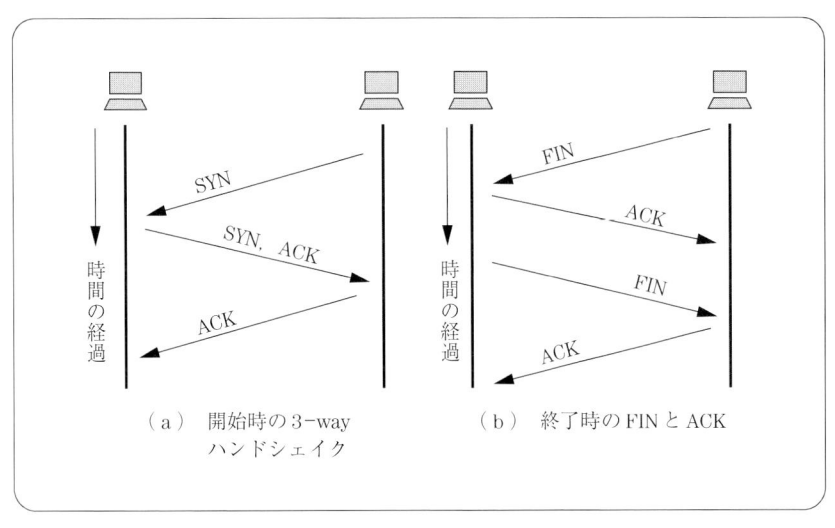

図 7.1 コネクションの開始と終了

りとりをしてコネクションが確立する．これを TCP の **3-way ハンドシェイク**という．TCP のコネクションを終了するときには，双方から FIN（finish，終了）という合図を送る．FIN もコントロールフラグの一種である．FIN に対して双方から ACK が返るとコネクションが終了する．

　コネクションレスの通信は手紙のようなものである．ある小説の中に，手紙を毎日のように恋人に書く人が登場する．この手紙は 1 通ずつ独立の存在である．手紙が紛失する確率を論じると郵便の関係者に反論されるかもしれないが，配達されてから家の中で紛れる可能性もあるのだから，受取人まで届くまでの損失の確率がゼロとは断言できない．また手紙をポストに入れた順序に届く保証もない．

　ここで興味深いのは，TCP というコネクション形の通信が，IP というコネクションレスの通信によって運ばれるという事実である．図 7.2 のように，応用プロトコル（例えば電子

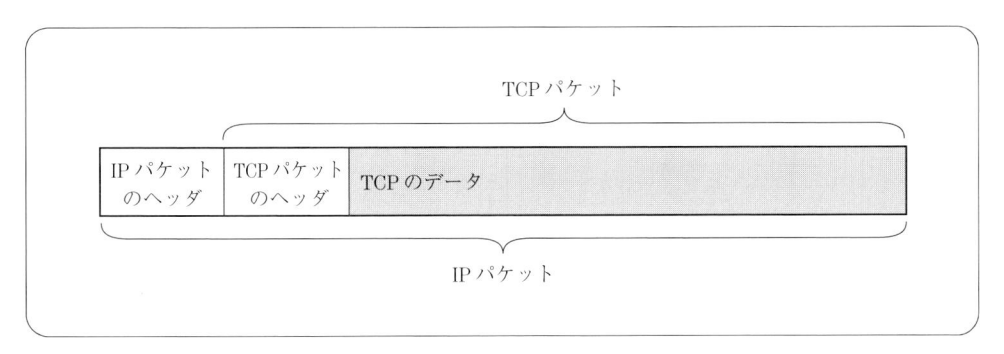

図 7.2　TCP パケットと IP パケットの包含関係

7. 超高速ネットワークの課題

メール)のデータはTCPパケットとして送信される．そのTCPパケットにはポート番号が付いている．ただし，通信の相手を指定するのはIPアドレスである．TCPパケットは，IPパケット(データグラム)のデータとして送信される．そのIPは，更にイーサネットのパケット(フレーム)として送信される．

上述のように，TCPはコネクション形の通信を行う必要がある．つまりエラーがなく，しかもデータの順番が保たれる．ただし，TCPパケットを運ぶ役目のIPはコネクションレスである．そこで，TCPの通信では受信確認という方式を採る．これを用いるとTCPが信頼性のある通信を実現できる．

受信確認の方法は簡単である．TCPパケットの受信側のホストは，受信したTCPパケットにエラーがない場合には，図7.3(a)のように，受信確認の印としてACKの信号を送信側に返信する．実際にはACKの信号はTCPパケットのヘッダの中にACKを意味するフラグを1にして示す．つまりACKの信号はTCPパケットの一種である．

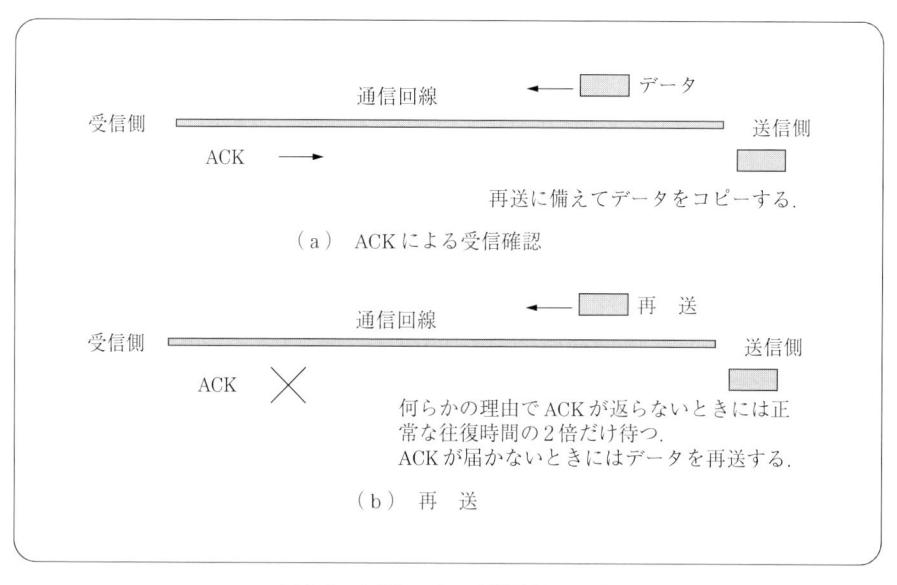

図7.3 ACKによる受信確認と再送

送信側のホストに，受信側からのACKが返ってこない場合は，いろいろな原因が考えられる．途中でパケットが損失したり，エラーが起これば受信側がACKを返さない．あるいは，受信側がACKのパケットを返信したのに，そのACKが途中で損失する場合もある．いずれにしても，送信側ではACKの返事がない場合にはデータを**再送**する．実際には，送信側でACKの返事を無限に待ち続けることはできない．現実のインターネットでは細かい工夫が凝らされている．ここでは原理的な説明をするため，通常の状態で正常にACKが返ってくる時間の2倍の時間まで送信側が待つことにして図(b)を描いている．

TCP の通信ではエラーのない通信だけではなく，データの順序を保証する必要がある．そこで TCP パケットのヘッダには順序を示す**シーケンス番号**（SEQ）を付けている．この番号を使えば，データの順序が入れ代わって到着した場合でも，応用プロトコルのデータとしては順序を整えることができる．TCP パケットのヘッダに含まれる情報は図 6.1 に示してある．

ACK の場合でも，どのデータに対する確認であるかを明記した方がよい．そこで受信側は TCP のヘッダに ACK フラグを付けるだけではなく，ACK フィールドに SEQ+1 の値を入れる．例えば 1000 番までの TCP の受信が確認できれば，ACK として 1001 番を返す．

このように ACK を利用して，コネクションレスの IP パケットを使いながら，TCP というコネクション形の通信を実現している．これは優れたアイデアであるが，同時に TCP の通信の弱点でもある．この点を次に詳しくみていこう．

7.2 光の速度と通信の遅延

TCP の弱点は，通信の遅延時間に起因する．遅延時間は光の速度によるもので，遠距離の通信において顕著に現れる．

光の速度は 1 秒間に地球を 7 周半するほど速い．これは相当に高速であるが，コンピュータの世界に単位をそろえるために，1 ミリ秒間（1 ms＝1/1 000 s）で考える．光速は真空中では 1 ms に 300 km である（より正確には 299.792 45…km）．ただし，現実の通信では真空ではなく光ファイバ（ガラス）が媒体となる．その光ファイバにはマルチモードのファイバとシングルモードのファイバの二種類がある．ここでは遠距離の通信を対象とするので，長距離の通信に用いるシングルモードの光ファイバを考えると，1 ms 当り約 180 km となる．以下では光速を 180〔km〕/1〔ms〕として計算する．

東京と大阪との距離は約 500 km である．ここでは計算を簡単にするために，東京から 450 km 離れた地点を想定する．図 7.4 のように，データを送信してから受信するまでに 450/180＝2.5 ms，データを送信してから ACK を受信するまでには 2.5×2＝5 ms の時間が経過する．図のような通信を行う場合には，データを一度送信してしまうと，その後の 5 ms は ACK を待たなければならない．この単純な通信の方式は **stop-and-wait** と呼ばれており，現実にはほとんど使われていない．なぜならば，ほとんどの時間が待ち時間として費

7. 超高速ネットワークの課題

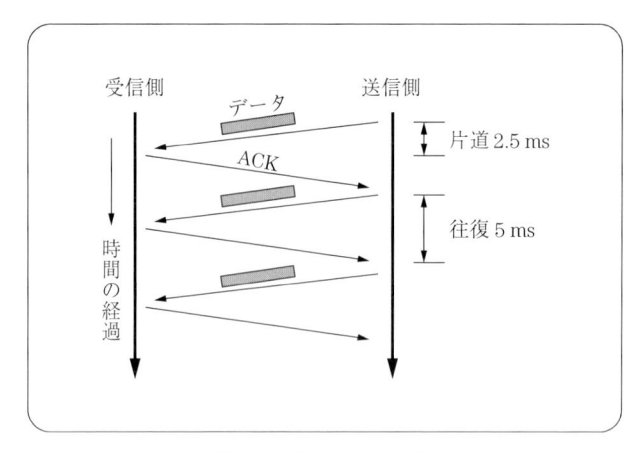

図 7.4 送信側と受信側が 450 km 離れている場合

やされてしまうからである．

　これは東京から関西行きの新幹線の電車を想定してみるとよく分かる．この新幹線がいかに高速であるとしても，1編成しか電車がない．その電車が旅客を乗せていったん発車してしまうと，ACKとして回送されてくるまで，次の乗客は待たされることになる．

　鉄道の場合には，極端な短距離の営業でない限りは，電車を次々に発車させる．ネットワークの場合も同じことである．これをあとに述べる理由で**ウィンドウ制御**という．図7.5に示すように，先に送信したデータのACKを待つことなく，次のデータを送信する．このようにしてもデータには通し番号（SEQ）が付いているから，どのデータに対するACKであるか，紛れる心配はない．

　このようにすれば通信の能率が向上する．ところが，ウィンドウ制御にも限界がある．それはACK（受信確認）に関係がある．ウィンドウ制御では，先に送ったデータのACKを

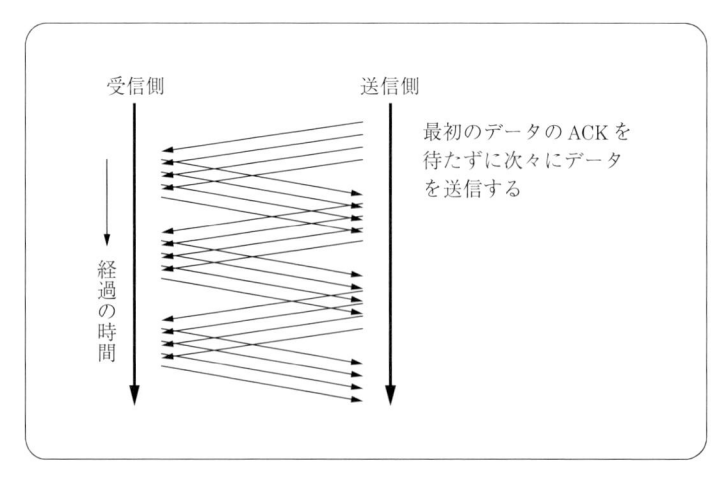

図 7.5 ウィンドウ制御

受信する前に，次のデータを先に送ってしまう．つまりデータは次のように分類される．一つは「送信済」か「未送信」かの区別であり，もう一つは「ACK既受信」か「ACK未受信」かの区別である．この様子を**図7.6**に示す．

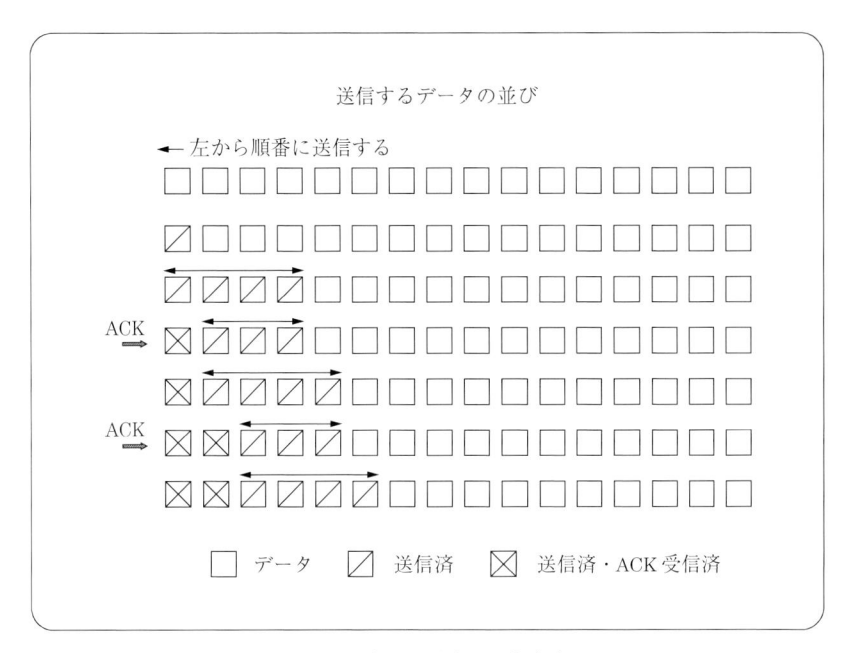

図7.6 ウィンドウという意味

ここで注目すべき要所は「送信済」かつ「ACK未受信」のデータである．このデータは，もし対応するACKが返信されない場合には，再送しなければならない．それに備えてデータのコピーをメモリ上のバッファに保存しておく必要がある．このバッファのサイズはウィンドウのサイズと同じである．ここでバッファを大容量にするためにディスクを使用するのは避けなければならない．この話題ではmsの単位で高速に動作しないといけない．ディスクを使うと10 ms以上の待ち時間が生じる場合がある．バッファはメモリ上に確保すべきである．図7.6では説明を簡単にするために，ウィンドウのサイズを4として図を描いている．図の中で矢印で示した範囲の部分がウィンドウであり，右方にずれていく．これを**スライディングウィンドウ**という．

ウィンドウのサイズは通信の規約（つまりプロトコル）として最大値が定められている．その最大値は64 KBである．この値はこんにちの感覚からすると極めて小さい．TCPが当時のARPAネットの標準に採用されたのは1983年である．その当時のコンピュータでは64 KBのメモリというのは，大きなメモリの容量であった（現在ではウィンドウサイズを拡大するTCPのオプションがある．章末の問7.2を参照）．

いずれにしてもプロトコルで定められた規約を守る必要がある．つまり，ウィンドウのサ

イズは無限に大きくはできない．ウィンドウのサイズの最大値に到達したら，それ以上のデータを送信するのを止めることになる．もちろん，図 7.6 に示すように，受信側から ACK が返ってくれば，そのときにウィンドウのサイズが短くなるから，次のデータを送信することができるようになる．

7.3 スループットの限界

　以上の検討をまとめると，TCP の限界が浮き彫りになる．ここで一つ注意が必要である．鉄道の場合には，電車の性能を表す時速と，路線の輸送力を表す単位（例えば 3 万人/時間）が異なる．これに対してコンピュータネットワークでは，通信回線の速度を表す単位（例：会社に 100 Mbps の光回線を引く）と，実際の輸送力に相当する「時間当りのデータ移動量」（例：10 MB のファイルを 1 秒間に転送したから 80 Mbps である）を同じ単位〔bps〕で表示している．

　時間当りのデータ移動量を**スループット**（throughput，処理能力）という．結論を先に述べると，会社に 100 Mbps の光回線を引いた利用者が，必ずしも 100 Mbps のスループットを得られるとは限らない．この事実がここで得られる教訓である．

　再び東京〜関西の 450 km の距離を考える．ウィンドウのサイズが最大の 64 KB であるとする．これは，64×8×1 024 ビットである．これだけのデータを送信したあとには，いったん送信を止めて，ACK が到着するのを待たなければならない．ACK が到着するまでには，最短でも往復時間の 5 ms が必要である．すなわち，最大のスループットは

$$\frac{64\times 8\times 1\,024}{5\times 10^{-3}}=104.857\,6\times 10^6\,\mathrm{bps}=104.857\,6\,\mathrm{Mbps}$$

となる．

　64 KB はウィンドウのサイズの最大値である．何らかの都合で 32 KB のウィンドウのサイズになっているとすると，このスループットの値が半分になる．上の計算の結果を見て，東京と関西の間で 100 Mbps 以上のスループットが実現できるから，それで上々であると思えるだろうか．ここではスループットの計算に光ファイバの通信速度（電車でいえば性能を表す時速）を全く仮定していない．つまりウィンドウのサイズによるスループットの限界のみを示している．実際には通信回線の速度を超えるスループットは実現できない．この様子

7.3 スループットの限界

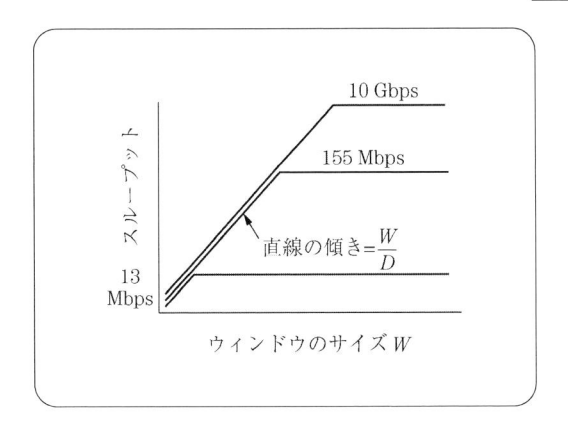

図7.7 スループットの限界

をグラフに描くと**図7.7**のようになる．

グラフは通信回線の速度で頭打ちになるまでは線形である．この線形の部分の傾きは，ウィンドウのサイズを W，片道の**遅延時間**（例：2.5 ms）を d と表すと $W/2d$ となる．往復の遅延時間 $D=2d$ を用いて W/D と表示してもよい．

近距離では遅延時間 (d, D) が小さい．よって直線の傾きが大きい．遠距離では遅延時間が大きくなり，直線の傾きが小さくなる．この場合に問題が発生する．実際に東京と関西の間に 155 Mbps の通信回線（当時としては超高速）を敷設して，TCP/IP の通信を行った記録がある．通信回線の速度は 155 Mbps であるのに，スループットは約 13 Mbps に留まったという．これは本章の現象が現れた典型的な例である．13 Mbps という数値は，上の計算の約8分の1である．つまりウィンドウのサイズが 64 KB ではなく，その8分の1の 8 KB であったものと推定される．

スループットを向上させるには，どのようにすればよいか．距離が定まっている場合には，光速による遅延時間は物理的な限界であり打破できない．$W/2d$ を大きくするには，ウィンドウのサイズ W の最大値を大きくすればよい．実際に現在の TCP にはオプションとしてウィンドウのサイズの**スケーリング**という機能が導入されており，最大で 64 KB の 2^{14} 倍まで拡大できる．

しかし，現実にウィンドウのサイズをスケーリングオプションで拡大して使用している例は少ない．それは単にウィンドウのサイズを大きくしただけではスループットが向上するとは限らないからである．もし通信回線を一組の送信側と受信側で占有することができるならば，ウィンドウのサイズを大きくすると確かに効果がある．現実のインターネットでは，他者の通信も同時に行われている．そこでパケットの多少の損失が避けられない．ウィンドウのサイズを大きくするということは，もし ACK が返らない場合には，多量のデータを再送することを意味する．ネットワークの混雑（輻輳）によってパケットの損失が起きている場合に，多量のデータを再送すれば混雑の状態が悪化する．ウィンドウのサイズを大きくする

のが必ずしも有効ではない場合がある．この議論は単純ではなく，いまでも研究対象となっている．

本章の内容を一口でいうと，光は速いようにみえるが，やはり遅延時間が無視できない．特に遠距離の場合には，TCPのスループットの限界に注意する必要がある．

本章のまとめ

❶ TCPはコネクション形の通信である．これを実現するのはACK（受信確認）である．実際のTCPの通信におけるACKは，個々のTCPのパケットに対して逐一返さなくても，まとめて送ってよい．つまりACKのフラグと1001番というACKの番号を送れば，1000番までのデータをすべて確認したことになる．

❷ データを送信してからACKが返るまでの時間は，通信の遅延時間に依存する．遅延時間は距離に依存する．遅延時間が無視できない場合には，スループットの限界に注意するべきである．

●理解度の確認●

問7.1 人工衛星（静止衛星）は地球を遠く離れた軌道上にある．いま，地球上の2地点の通信を人工衛星を経由して行っているとする．この2地点の往復時間が500 msであると仮定する．ウィンドウサイズの最大値が64 KBであるとして，TCPのスループットの限界値を求めよ．

問7.2 TCPのオプションとして，ウィンドウのスケール（拡大）を使うことができる．最大では64 KBの2^{14}まで拡大できる．これは何GBに相当するか．

8 ネットワークの管理と運営

　インターネットが普及し始めたころには，次のようなことがいわれた．「インターネットはボランティアが運用している」あるいは「インターネットは無政府状態である」．実際にいまでもボランティア的に働いている人々がいる．特に学術研究用のネットワークの運用は，通信料金を払うだけでは済まない．しかし，現実に世界中のトラヒックの大半を運んでいるのは商用のサービス会社（ISP）である．

　インターネットは政府の直接の管理下にあるわけではない．特に米国，日本のようにインターネットの先進国では，政府機関との連携を保ちつつ民間団体が大きな役割を果たしている．これは無政府（アナーキー）というのではなく，社会的に多くの人々が仕事を分担している状態である．

　インターネットの利用者から直接には見えないところで，多くの組織が活動している．本章で説明するキーワードは二つある．その一つは NIC（network infomation center），もう一つは NOC（network operation center）である．

8.1 ネットワークの管理（NIC）

ネットワークインフォーメーションセンター（**NIC**）という名前は，インターネットに関するすべての情報を扱っているような印象を与える．実際に**ARPA**ネットの時代に米国の**SRI**が果たしていた役割（SRI NIC）は，幅広い範囲をカバーしていた．

こんにちのNICの例として，日本の**JPNIC**，あるいはアジア太平洋地域の**APNIC**を取り上げてみよう．JPNICとAPNICが取り扱っているのは，**IPアドレス**の割当と**AS番号**の割当てである．AS番号というのは経路制御のBGPプロトコルで使う数字である．（BGPについては5.3節参照）．JPNICの業務内容はwww.nic.ad.jpのWebページを参照するとよく分かる．JPNICのページには**ドメイン名**に関する記事も掲載されている．JPNICの発足時にはドメイン名（日本の.jpドメイン名）の割当てもJPNICが担当していたが，2002年4月1日にドメイン名割当ての業務をJPNICから**JPRS**（後述）に移管した．

APNICの仕事の内容はwww.apnic.netのページによく説明されている．APNICの現在の事務局はオーストラリアのブリスベーン近郊のMiltonにある．APNICが発足したのは1994年のことである．それまではインターネットの管理は米国中心であった．米国のプロジェクトである**IANA**（11章参照）がIPアドレスの割当ての基本方針を定めて，実際のデータベースは当時の米国のNICである**InterNIC**が管理していた．これを北米，欧州，アジア太平洋の三地域に分割して管理するようになった．南米とアフリカは，その当時には独自のNICを運営するには至らなかった．1994年のAPNICは，まだ日本で活動をしていた．いまとなっては想像するのが難しいかもしれないが，当時のNIC活動に実績のあったJPNICが，APNICのパイロットプロジェクトを引き受けて，JPNICの内部にワーキンググループを作った．つまりスタート時点のAPNICはJPNICの中にあり，東京で活動をしていた．このような国際的な関係，特にアジア太平洋地域の話題は11章で紹介する．

JPNICが社団法人として設立されたのは1997年のことである．ただし，JPNICに相当する仕事は，日本のインターネットの草分けであるJUNETが発足した1984年の直後から行われていた．ドメイン名の割当てはjunet-adminというグループに属する人々が担当した．これらの人々はボランティアであった．**JUNET**はTCP/IPではなく，UUCPという

プロトコルを採用していたから IP アドレスは不要である．また当初のドメイン名は .jp（日本）ではなく，.junet であった．日本で TCP/IP による接続を実現したのは **WIDE プロジェクト**であり，この拡大とともに IP アドレスの割当てが必要となった．最初は日本の組織も米国の SRI NIC に直接に IP アドレスを申請をしていたが，1989 年 2 月から 1992 年 6 月まで日本のネットワークアドレス調整委員会が割当を行った．この委員会はボランティア的な構成であった．

日本のインターネットで商用のプロバイダが活動を開始したのは，1992 年の AT&T JENS が最初である．それまでのネットワークの利用者は大学や研究機関である．JPNIC の前身である JNIC が発足したときの母体は，情報処理学会が呼び掛けて 25 の学会が合同で構成した **JCRN**（研究ネットワーク連合委員会）であった．この JCRN で活動した委員と，上のボランティアのグループとは，ほぼ同じメンバである．このようにしてボランティアの活動が公式の団体の設立へと向かう．1991 年 12 月に JCRN のサブ委員会のような形で JNIC が設立された．

最初は日本の NIC であるから JNIC と称していたが，J の 1 文字では他の国と重複することが分かった（章末の問 8.1 を参照）．そこで JNIC を拡大して，独立した任意団体として JPNIC を設立した．これが 1993 年 4 月のことである．このときに現在の JPNIC の骨格が定まった．

JPNIC を構成するのはネットワークプロジェクトである．現在の JPNIC の会員は ISP（サービスプロバイダ）が多数を占める．JPNIC が任意団体として発足した当時は，商用のサービス会社の数が少ない．まだ，学術研究用のネットワークが中心であった．

ところで，JPNIC の WEB のページは www.nic.ad.jp である．どこにも JPNIC という文字が現れない．これは日本の NIC であるから nic.ad.jp で分かるだろうと考えたからだ．なお ad という属性ドメイン名は，ネットワークを管理する組織という意味で，JPNIC の会員に対して割当てが行われる．JPNIC 自身は JPNIC の会員ではないが，JPNIC が特に認めた組織には**表 8.1** のように ad のドメイン名を割り当ててもよいことになっている．

日本が .jp であることは，上にも紹介したように他の国との重複を考えて決められた．こんにちでは国別のドメイン名（ccTLD）は ISO の国別コードに従うとされているが，最初に国別のドメインを採用した日本は .jp であり，国別コードと同じである．ところが，ほぼ同時に決めた英国は .uk を採用した．英国の本来の**国別コード**は .gb である．結局，英国は現在でも .uk と .gb の二つを使っている．ISO の国別コードというのはいわば「後付け」の規則である．

なお，ドメイン名の表記においては大文字と小文字とを区別しない．www.ieice.or.jp を大文字で WWW.IEICE.OR.JP と書いても同じドメイン名である．

表 8.1　日本（.jp）のドメイン名

属性形（組織種別形）JP ドメイン名

AC.JP	(a) 学校教育法および他の法律の規定による学校（EDドメイン名の登録資格の(a)に該当するものを除く），大学共同利用機関，大学校，職業訓練校 (b) 学校法人，職業訓練法人，国立大学法人，大学共同利用機関法人，公立大学法人
CO.JP	株式会社，有限会社，合名会社，合資会社，相互会社，特殊会社，その他の会社および信用金庫，信用組合，外国会社（日本において登記を行っていること）
GO.JP	日本国の政府機関，各省庁所轄研究所，独立行政法人，特殊法人（特殊会社を除く）
OR.JP	(a) 財団法人，社団法人，医療法人，監査法人，宗教法人，特定非営利活動法人，中間法人，独立行政法人，特殊法人（特殊会社を除く），農業協同組合，生活協同組合，その他 AC.JP, CO.JP, ED.JP, GO.JP, 地方公共団体ドメイン名のいずれにも該当しない日本国法に基づいて設立された法人 (b) 国連などの公的な国際機関，外国政府の在日公館，外国政府機関の在日代表部その他の組織，各国地方政府（州政府）等の駐日代表部その他の組織，外国の会社以外の法人の在日支所その他の組織，外国の在日友好・通商・文化交流組織，国連NGO またはその日本支部
AD.JP	(a) JPNIC の正会員が運用するネットワーク (b) JPNIC がインターネットの運用上必要と認めた組織 (c) JPNIC の IP アドレス管理指定事業者 (d) 2002 年 3 月 31 日時点に AD ドメイン名を登録しており同年 4 月 1 日以降も登録を継続している者であって，JPRS の JP ドメイン名指定事業者である者
NE.JP	日本国内のネットワークサービス提供者が，不特定または多数の利用者に対して営利または非営利で提供するネットワークサービス
GR.JP	複数の日本に在住する個人または日本国法に基づいて設立された法人で構成される任意団体
ED.JP	(a) 保育所，幼稚園，小学校，中学校，高等学校，中等教育学校，盲学校，聾学校，養護学校，専修学校および各種学校のうち，おもに 18 歳未満を対象とするもの (b) (a)に準じる組織で，おもに 18 歳未満の児童・生徒を対象とするもの (c) (a)または(b)に該当する組織を複数設置している学校法人，(a)または(b)に該当する組織を複数設置している大学および大学の学部，(a)または(b)に該当する組織をまとめる公立の教育センターまたは公立の教育ネットワーク
LG.JP	(a) 地方自治法に定める地方公共団体のうち，普通地方公共団体，特別区，一部行政事務組合および広域連合など (b) 上記の組織が行う行政サービスで，総合行政ネットワーク運営協議会が認定したもの

地域形 JP ドメイン名

一般地域形ドメイン名	(a) AC, CO, ED, GO, OR, NE, GR のいずれかの属性形（組織種別形）ドメイン名の登録資格を満たす組織 (b) 病院 (c) 日本に在住する個人 （例：東京都新宿区のエグザンプル株式会社の場合 example.shinjuku.tokyo.jp）
地方公共団体ドメイン名	普通地方公共団体およびその機関，特別区およびその機関 （例：北海道の場合 pref.hokkaido.jp）

汎用 JP ドメイン名

.JP	日本国内に，JPRS からの通知を受領すべき住所を有する個人，または，これを受領すべき本店・主たる事務所，支店・支所，営業所その他これに準じる常設の場所を有する法人格を有しまたは法人格を有さない組織（例：example.jp，日本語.jp）

上にも述べたように，現在の日本のドメイン名の割当ては，**JPRS**（日本レジストリサービス）という会社が担当している．このような体制になったのは，2002年4月にJPNICからドメイン名の管理をJPRSに委託したからである．

表8.1には日本（.jp）のドメイン名の種類を示している．この中で特徴的なのは日本語ドメイン名である．インターネットの標準では，ドメイン名として使用できる文字は英字（大文字と小文字），数字，ハイフンに限られる．日本語ドメインのような多言語ドメイン名は，内部ではPuny codeという表現によって英字，数字，ハイフン記号の範囲内で表現される．日本語ドメイン名は，国際標準（RFC）に従った表現である．

8.2 ネットワークの運用（NOC）

ネットワークオペレーションセンター（**NOC**）というのは，文字どおりネットワークの運用を行う．これはJPNICのように日本に一つ存在する組織ではなく，自らネットワークの運用を行っている組織，例えば大学や会社にもある．また，インターネットのサービスプロバイダにもある．

インターネットの利用者から見ると，ルータのような通信機器は自動的に運転しているし，各種のサーバも通常は無人で運用している．人間の管理者が介入する余地が少ないと思うかもしれない．ごく小規模なネットワークであればそれは正しい．実際には，ネットワークの規模が大きくなると，人手によって運用しなければならない仕事が出てくる．

NOCの仕事の中には緊急度が高いものがある．各種の障害（トラブル）への対応は一刻を争う場合があるからだ．その一方で定常的な仕事もある．何の支障もなく定常的な運用を続けている場合でも，運用の記録を取りトラヒックの統計を残しておく．平常時の記録は，障害時に比較するための「正常パターン」として意義がある．また突然の障害でなくても，定期的な停電の影響を事前に予告したり，通信機器のファームウェアをアップデートする仕事がある．

障害（トラブル）はさまざまな原因が絡み合って起こる（次節で述べる）．NOCで障害に対応するときには，症状や対処法を記録に残し，関係者が同じ情報を正確に共有できるように，**トラブルチケット**（trouble ticket）を活用することが多い．具体的な記載の形式には，何通りかの流儀があるようだが，基本的には障害の内容などを他の管理者へ受け渡すた

8. ネットワークの管理と運営

めの定型のフォーマットである．電子メールで通知したり，Web を使って情報共有をすることがある．特別な機構というわけではなく，ごく常識的な仕掛けである．このトラブルチケットは米国では昔から普通に使われていたが，日本ではなぜかあまり普及しなかった．最近になってようやく日本でもトラブルチケットを利用して情報共有をすることが普及してきた．トラブルチケットのような細かい点で，日米の運用の違いが観測できるのは面白い．NOC の関係者の間で，必ず文字の記録として情報を残しておくのがトラブルチケットである．筆者には違いの原因まではよく分からない．日米の社会におけるコミュニケーションの方法が異なるのであろうか．

さて，障害の症状が分かっても，復旧するためには原因を探る必要がある．そのときに活躍する技術がある．一つには**ネットワークアナライザ**という機器である．特別の機器ではなく，パソコン上のソフトウェアとして実現しているアナライザもある．この原理は簡単である．図 8.1 のように，二つのマシンが通信するときに「必ず通過する」場所に測定用マシンを設置してパケットを収集するのである．普通のコンピュータは自分あてのパケット（および全員あてのパケット）だけを取り込む．測定用マシンは，どのようなパケットも取り込む．パケットは標準化されたプロトコルに従っているわけだから，取り込んだパケットを解読するには公開されているドキュメントに従えばよい．

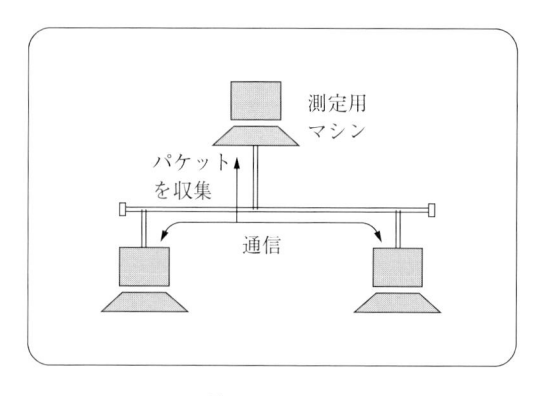

図 8.1　測定用マシンを設置してパケットを収集

このようなアイデアは簡単ではあるが，実際に商品として市販されたのは，Network General 社の **Sniffer** という製品であり，好評を得て Network General 社は急成長した．現在でもアナライザ（測定器）のデータを保存するときのファイル形式に Sniffer 社のフォーマットがよく用いられているくらいで，一世を風靡した製品である．

現在では簡単なアナライザの機能はフリーのソフトウェア（EtherReal, Wireshark）で実現することができる．市販品としては国産の Astec Eyes が健闘している．図 8.2 に Astec Eyes の画面の例を示す（図の作成にはアールワークスの協力を得た）．下部には収集したパケットが単なるデータの列として表示されている．それを規約に従って解読すると，上部のように通信の様子が理解できる．このように，測定用マシンの近傍の様子は，図 8.1

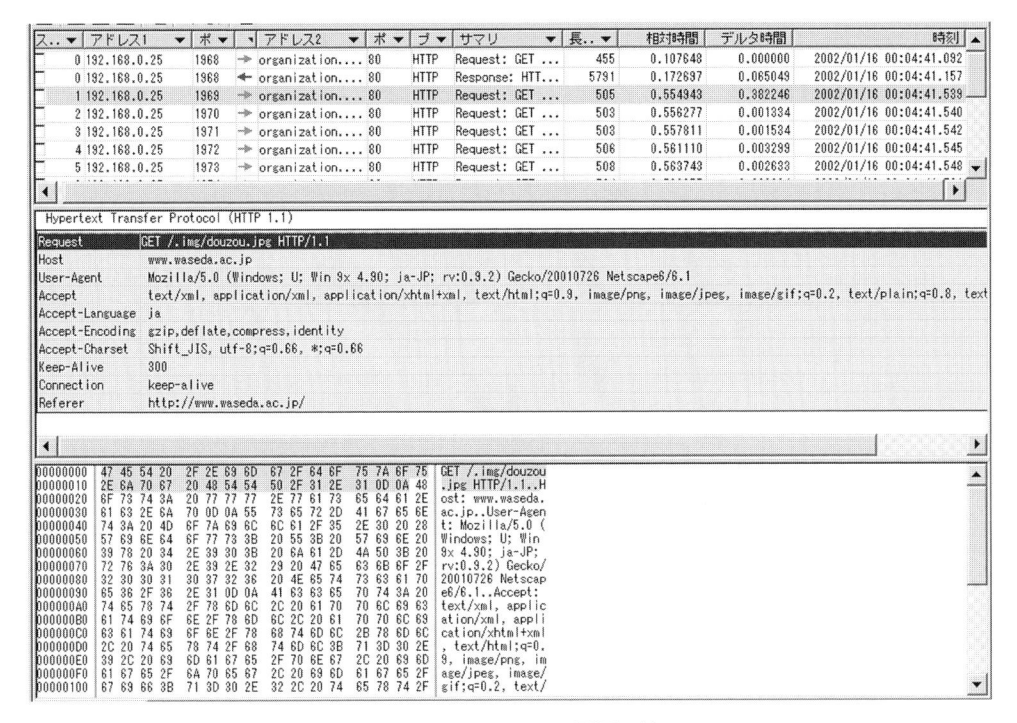

図 8.2 Astec Eyes の画面の例

の構成によって詳しく調べることができる．

　次に課題になるのは，遠隔地のネットワークの様子である．遠隔地で収集したパケットを手元まで取り寄せようとすると，そのパケットを運ぶためのトラヒックが生じてしまう．そこで，なるべく遠隔地の測定は遠隔地で閉じて行い，結果だけを簡単にまとめて入手するようにした方がよい．Astec Eyes はリモートモジュールを使う機能を備えている．

　アナライザのように詳細なデータを調べなくても済む場合がある．例えば，大規模なネットワークを構成する通信回線に流れているデータの量（トラヒック）を監視することを考えてみよう．この場合には，個々のパケットを収集する必要はなく，ルータやスイッチのような通信装置のインタフェースごとに，パケットの個数とパケットの長さをカウントすればよい．インターネットの標準プロトコルに **SNMP**（simple network management protocol）がある．SNMP では，通信装置やコンピュータに備えたカウンタの数値を，図 8.3 のように SNMP のプロトコルに従ってレポートする仕組みになっている．どのようなカウンタが標準的に準備されているか，その項目は **MIB II**（management information base II）で規定されている．

　MIB II で多くの種類のカウンタを用意すると，監視する情報が増えるものの，通信装置でのカウントする動作が本来の通信の性能低下を招く恐れがある．また，MIB II は少量のデータで表現されるものの，あまり頻繁に監視をすると，測定のためのデータがネットワー

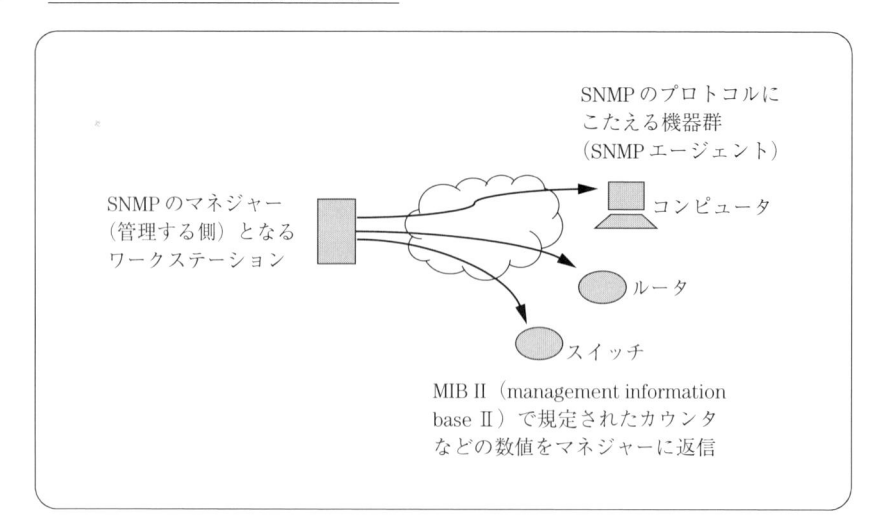

図 8.3　SNMP を用いたネットワークの管理法

ク上をたくさん流れる．通常は例えば 10 分おきに MIB II に定めたカウンタの値を管理側から問い合わせるくらいに留めている．概略の目安としては，ネットワークを流れる情報のうちで測定用のデータは 20 分の 1（5％）くらいに留めておく．

8.3 障害（トラブル）の原因

　ネットワークの障害（トラブル）は，利用者から見れば，① 通信速度が遅い，② 切断される，③ 接続できない，などの症状となって現れる．ここでは，トラブルの完全な解決策を述べることはできないが，いくつかの注意点を述べておく．

① の通信速度が遅い原因にはいくつか考えられる．

- 回線速度が不足している．7 章で述べたようにスループットは通信回線の速度を超えることはない．通信の途中の回線の速度が低い場合には，その区間がボトルネックとなる．このような原因ならば探求するのが楽である．例えば，**pathchar** というソフトウェアを使うと，インターネットの 2 地点を結ぶ経路の途中の区間ごとの通信速度を推定して表示することができる．pathchar のほかにも種々のツールが開発されている．
- 通信回線の速度が十分に高速であるのに，実際の速度が遅い場合がある．原因として考えられるのは，通信の経路の途中で混雑（輻輳）が起こっていることである．ルータ

8.3 障害（トラブル）の原因

はパケットを一度バッファに蓄えてから転送する（蓄積転送）．送り出すべき通信回線が混雑している場合には，回線が空くまでデータはバッファの中で待たされる．回線が長い時間にわたって混雑すると，その間にバッファがいっぱいになるかもしれない．回線の混雑が長時間続くと，パケットがルータから転送されずに失われることがある．パケットが失われると，TCP の通信では再送が起こる（7章参照）．再送すると実効的な通信速度が低下してしまう．

- 通信回線の速度が十分に高速で，途中の経路が混雑していない場合でも，ルータに過負荷がかかると遅くなる場合がある．これはルータの性能に依存するので，原因が分かりにくい．ルータが単純な転送動作をするときには高速でも，パケットのフィルタリング（後述）のように IP ヘッダの中身をチェックしながら転送をする場合には過負荷となり，動作が遅くなることがある．

通信速度が遅いと感じた利用者が，事態を改善するために高速の通信回線に切り換えて増速したとする．その結果，単位時間に通過するパケットの量が増える．もし本当の原因がルータの過負荷である場合には，処理すべきパケットの数が更に増えることになるから状況が悪化するかもしれない．本当の原因を探るためには，先に述べたような測定器を用いるなど，実際にネットワーク上を流れるデータを分析してみないと分からない．

②の**切断される**という症状は，使用中に次の③の状態に陥ったことを意味する．

③の**接続できない**原因にも，いろいろな場合が考えられる．

- DNS のレコードの不備が考えられる．DNS にコンピュータを登録する際に間違いが起こりやすい．接続すべき相手をドメイン名で指定すると接続できず，同じマシンを IP アドレスで指定すると接続できる場合には，利用者の側から DNS のサーバに接続できていないのかもしれない．DNS サーバが運用を停止している可能性もある．また利用者の側のマシンが逆引き（PTR レコード）の登録をしていないために，相手から接続を拒否されることがある．
- 利用者から見ると分かりにくいが，経路の**ループ**が起こることがある．米国のバックボーン（インターネットの基幹回線）では，図 8.4(a) のように，しばしば往復の経路

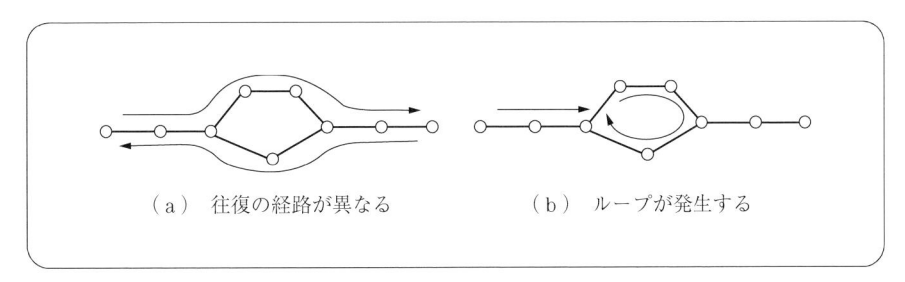

(a) 往復の経路が異なる　　(b) ループが発生する

図 8.4　経路のループ

が異なる事態が起きているという．このような場合にルータの動作が何らかの理由で異常な動作をすると，図(b)のようにループが発生し，パケットが同じ経路を反復して通る．ただし，無限に反復することはない．このような事態に備えて，IPパケットのヘッダには **TTL** というフィールド（time to live, 寿命）がある（図5.1）．このフィールドの値はルータを経由するたびに1ずつ減らされる．このような規約になっているため，いずれTTL＝0となり，そこでパケットの転送が止まる．

- コンピュータは正常であるのにソフトウェアに問題がある場合も考えられる．以前はよく **Acking Ack** という現象が発生した．これは受信確認に対して，その確認を返すという意味である．つまり，パケットを受け取ったことの通知（ACK）に対してACKを発行してしまう．これを繰り返すとパケットがたくさん生成されて通常の通信ができなくなる場合がある．

- 人為的な設定ミスが原因になる場合がある．例えばIPアドレスはマシンごとにユニークに割り当てる必要があるのに，誤って同じIPアドレスを複数のマシンに割り振ってしまう．このような場合には，二重に割り振られていることを検知して停止するマシンがある．そのまま走行する場合には，通信するたびに違うマシンに接続されるという奇妙な現象に遭遇することになる．

- 物理的な原因も多くの種類が考えられる．

— 停電や断線が起きる．停電の予定が事前に分かっていれば対策をとる．通常はトラブルチケットで事前の連絡を行う．通信回線が断線する場合もある．国際通信に使われている海底の光ファイバは復旧までに日数がかかることが多い．このため，通常の契約では異なる二系統の光ファイバが自動的に切り換わるようになっている．それでもカバーできない場合には，全く別の経路，例えば人工衛星の回線を使って復旧を待つこともある．海底の光ファイバが切れて，ファイバを引き上げる際には，そのファイバの上に別のファイバが敷設されている場合がある．このような場合の対処方法は通信事業者間で取り決められている．

— 機器が故障することがある．重要な回線であれば，機器を冗長に配置して切り換えるように設計しておく．

— 分かりにくい障害の例は，イーサネットのケーブル長が長すぎて，衝突（コリジョン）の検出がうまく働かないことがある．イーサネットの工事をするときにはケーブル長を測定しておく．

以上に述べた事項はいずれも筆者が経験したなかから，注意が必要と思われるものを記した．これは網羅的ではなく，また現在では起こりにくい現象もある．ただし，以前に比べて起こりやすくなった原因もある．次節では現在の問題を取り上げる．

8.4 セキュリティの課題

以前に比べて，現在では通信機器やコンピュータが故障する確率が低下している．それでもNOCのネットワーク運用者が忙しいのは，別の問題が発生しているからである．

ネットワークの状態を監視していると，通常の応用とは異なる利用形態を発見することがある．それは，例えば不正侵入であったり，ウィルスに感染したコンピュータが発生する異常なトラヒックであるかもしれない．これは通信機器の故障ではないが，正常な運用状態ではないから，NOCの関心事である．**セキュリティ**については10章で詳しく述べるので，ここではネットワークの運用の観点から説明する．

インターネット上で不正侵入の事例が頻発していることはよく認識されている．日本では**JPCERT/CC**（www.jpcert.or.jp），米国では**CERT**（www.cert.org）が**インシデント**（incident，直訳すれば「出来事」）の対応をしている．またウィルスに関する情報は，独立行政法人の情報処理推進機構（**IPA**）が提供している（www.ipa.go.jp）．

ウィルスはメールに添付してプログラムやマクロ（小さなプログラムのようなもの）を受信者に送り込むケースが多い．ウィルスを検出したり除去するためのツール（ソフトウェア）を**ワクチン**と呼ぶ場合もある．それぞれのウィルスには，特徴的なパターンがあり，その情報を用いて検出することができる．新種のウィルスに対抗するためには，検出に用いるパターンのデータベースを常に最新のものに保っておかなければならない．

インターネットへの不正侵入は種々の方法で行われる．インターネットで用いられている多くのサーバはOS（オペレーティングシステム）としてUNIXあるいはWindowsを用いている．これらのOSは，古典的な大形機のOSに比べると，一般ユーザと管理者（特権ユーザ，administrator，root）の区別が緩やかである．例えば，パスワードを知っているだけでUNIXのルートになることができる．また，一般ユーザが使うプログラムでも，ある機能の部分だけは管理者の機能を使うようにできている場合がある．よって**セキュリティホール**（穴が開いた状態）は防ぎにくい．また原因が分かっている場合には，その欠陥を修正するためのパッチ（修正ソフト）が公開されるのが通例である．そのソフトウェアを利用している世の中の全員が直すわけではない．結局，弱いマシンがねらわれてしまうので，被害をゼロにすることはできない．侵入者は，一つのマシンの侵入に成功すると，そのマシン

を踏台として他のマシンに侵入する．

不正侵入のおもな手口はプログラムを走行中に異常なデータを入力してスタックのメモリ領域を**オーバーフロー**させることである．このような動作から復帰するときに，意図した悪い動作をさせる．

海外からの不正侵入があると，それをリアルタイムに防御するには，時差の関係でネットワーク管理者が不眠不休の状態に陥ることがある．

本章のまとめ

❶ IPアドレスおよびメイン名が重複して割り当てられるのを避けるために，管理機関がデータベースを保持している．日本においては，IPアドレスの割当てはJPNICが，ドメイン名の割当てはJPRSが担当している．

❷ ネットワークを運用するにあたって，アナライザのような測定器，SNMPのようなネットワーク管理のプロトコルを活用することができる．

❸ インターネットの弱点はセキュリティであるという指摘をされることがある．実際には対策が進んでおり，JPCERT/CC，IPAのような機関が活動している．

●理解度の確認●

問 8.1 JNICからJPNICに改称した理由は，Jの一文字では他の国と区別がつかないことがある．それでは，日本以外に，どの国がJから始まるドメイン名を持っているのだろうか．

問 8.2 JPCERT/CCの活動の範囲には，どのような事項が含まれているか．
（ヒント：http://www.jpcert.or.jp/の「活動概要」を参照）

9 インターネットの構成

　インターネットは研究用ネットワークとして誕生して，その後に大発展した．ネットワークの利便性が認識されると，研究目的以外にも使いたいという要望が生まれるのは当然である．これを実現したのがインターネットの商用化である．インターネットへの接続サービスを提供（provide）する事業者のことを，インターネットサービスプロバイダ（ISP：internet service provider）あるいは単にプロバイダと呼ぶ．

　現在では，インターネットが基本的な通信手段とみなされている．情報をディジタル化してIPパケットで通信することができれば，インターネットに接続した機器の間で自由に情報をやりとりできる．また，新たな使い方（アプリケーション，応用）を容易に導入することができる．インターネット商用化が始まった当初は，メールやファイル転送に使う利用者が多かった．その後にWebが主流となり，現在のインターネットのトラヒック量をみるとP2Pによるファイル交換が最も多い．

　さまざまな社会的な活動がインターネット上で展開されている．インターネットは文字どおりの社会的な基盤（インフラストラクチャ，略してインフラ）となった．電気，ガス，水道，道路，鉄道，航空などと同様に停止すると困るもの，止めてはいけないものがインフラストラクチャである．プロバイダは，インターネットの重要性を認識して，サービスを止めることがないように，さまざまな工夫を凝らしている．

9.1 プロバイダのネットワーク構成

　プロバイダの役割は，個人や家庭あるいは企業などの利用者とインターネットをつなぐことである．プロバイダのネットワークの構成を分けて考えると，図9.1に示すように，アクセス，地域拠点（POP：point of presence），バックボーン，対外接続の四つの部分になる．プロバイダごとに特徴があり，その利用者（顧客）が個人利用者を中心とする場合，あるいは企業を中心とする場合がある．また，サービスを提供する地域の違いにより，ネットワークの構成が変化する場合がある．

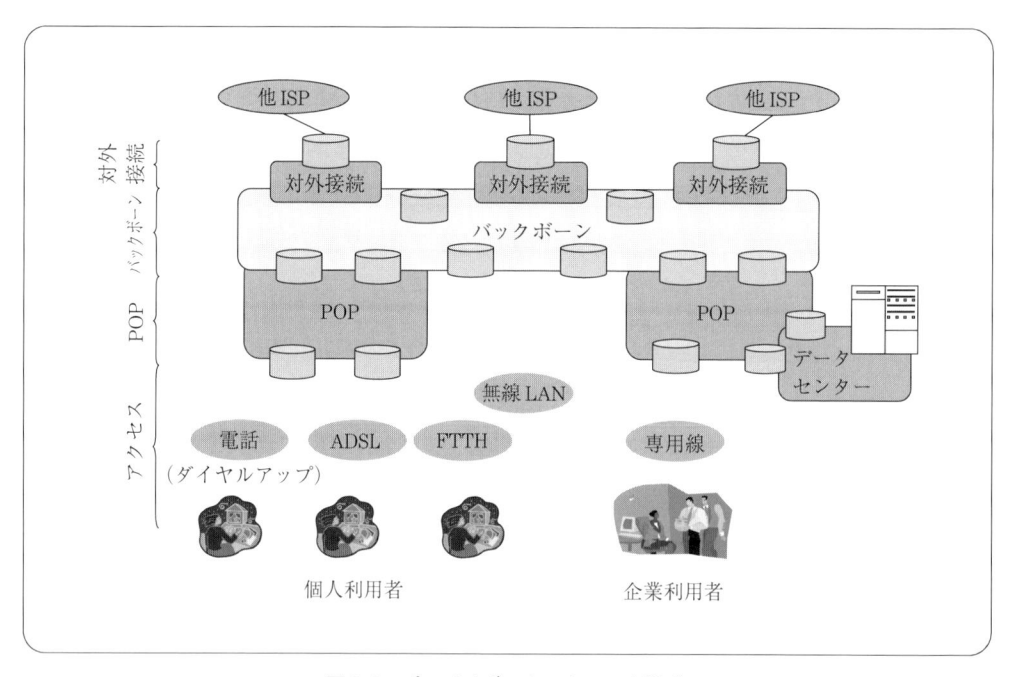

図9.1　プロバイダのネットワーク構成

9.1.1　アクセス

利用者とプロバイダをつなぐ部分
　個人利用者のアクセス方式は，かつては電話回線（アナログあるいはISDN）を経由した

9.1 プロバイダのネットワーク構成

ダイヤルアップが主流であった．現在は電話線で使われるメタルケーブルで高速な通信ができる **ADSL**（asymmetric digital subscriber line，非対称ディジタル加入者線）や，光ファイバで更に高速な通信ができる **FTTH**（fiber to the home）などが用いられている．

ADSL は，従来から使われているメタルケーブルの電話線に，電話の通信では用いられなかった高い周波数帯域を用いて，より多くのデータを伝送できる技術である．ADSL は名称のとおりに，上り下りの通信速度が非対称であることが特徴である．ここで，上りと下りとは，インターネット側から利用者側へのデータの流れ（下り方向）と，利用者側からインターネット側へのデータの流れ（上り方向）を指す．ADSL では下りの通信速度が上りに比べて速い．例えば，通信速度が速い ADSL サービスでは下りは 47 Mbps という例がある．その場合でも上りは 5 Mbps である．

FTTH は，メタルケーブルではなく光ファイバを用い，光を使って通信する．通信速度はメタルケーブルに比べてはるかに速い．一般的には下りと上りは同じ通信速度である．現在の FTTH で提供されている通信速度は 100 Mbps が中心であり，プロバイダによっては 1 Gbps のサービスも提供している．

戸建てやマンションからプロバイダの収容ビルまでの光ファイバのネットワーク構成には，図 9.2(a) のような **SS**（single star）方式と，図 (b) のような **DS**（double star）方式の一つである **PON**（passive optical network）方式がある．SS 方式は，収容ビルと利用者宅を 1 対 1 で直結する．収容ビルを中心に星形に広がるためにスターと呼ばれている．

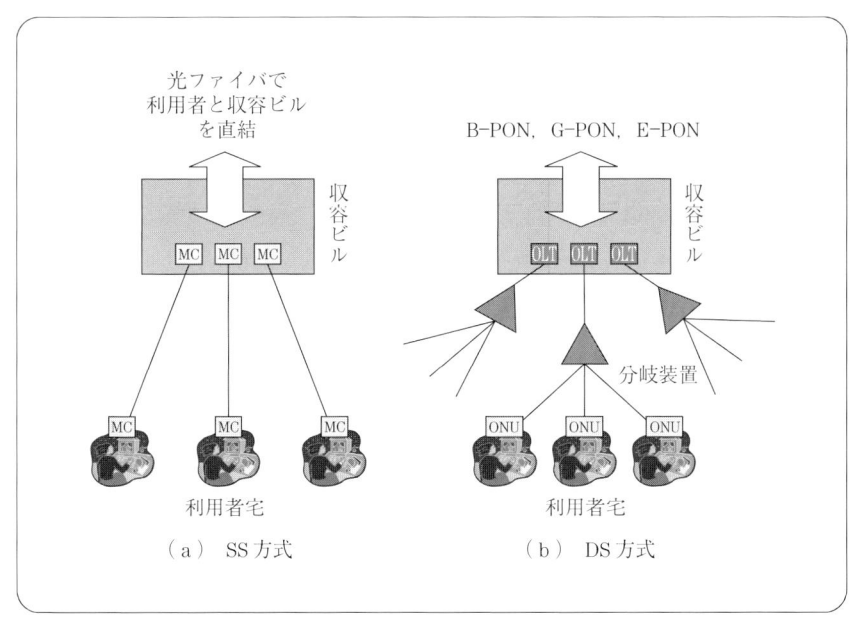

図 9.2 SS 方式と DS 方式

PON 方式は，収容ビルからの1本のファイバを途中で光スプリッタで分岐して，複数の利用者で共有する．SS 方式は，利用者宅から収容ビルまで他の利用者の影響を受けず，また装置も単純である．しかし，収容ビル側の装置が利用者分だけ必要であり，光ファイバの本数も増加するためコスト面で不利である．PON 方式は装置自体は複雑になるが収容ビル側での装置数や光ファイバの本数を少なくできる特徴がある．

ADSL や FTTH を使ったアクセスネットワークからインターネットに接続するときには，利用者がプロバイダと契約してインターネット接続サービスを利用する．プロバイダ側では，接続しようとしている利用者が，自社の利用者かどうかを識別する必要がある．このために **PPPoE**（point to point protocol over ethernet）というプロトコルが使われる．**PPP**（point to point protocol）は電話回線などを使って IP プロトコルを通すためのプロトコルとして用いられ，利用者を認証する機能を持つ．第2層のプロトコルとしてイーサネットに準拠した手順を用いている ADSL や FTTH 上では，PPPoE を用いて利用者を認証する．そして IP を通してインターネットに接続する．

企業では専用線によるインターネット接続がよく用いられる．専用線の種類は，これまではディジタル専用線や ATM 専用線などが主流であった．最近はイーサネット専用線も増えている．また，家庭用の FTTH が安価になってきているため，通信コストに敏感な企業のなかには，インターネットへのアクセス回線として高価な専用線を使わずに安価な家庭用の FTTH を用いるところもある．

9.1.2 地域拠点（POP）

プロバイダが各地域に設置している通信拠点

地域拠点とは，利用者を収容してバックボーンに接続する部分のことである．ここでは利用者からのトラヒックを集めてバックボーンに送るとともに，バックボーンから利用者へトラヒックを流す役割を持つ．地域拠点には，図 9.3 のように利用者からのアクセス線を収容するルータとバックボーンへ接続するルータが設置される．地域拠点内のルータ間は，通常の企業内の LAN と同様にイーサネットによってネットワークが構築される．

地域拠点にはプロバイダ自身のサービスを提供するサーバ群，あるいは利用者のサーバを預かる**データセンター**が設置されることがある．プロバイダ自身のサーバとしては，利用者認証用サーバ，名前解決サーバ（DNS サーバ），メールサーバ，Web サーバなどがある．データセンターとは，インターネットにサービスや情報を提供するサーバをプロバイダの拠点内に一括して設置できる場所を指す．企業がインターネットへ向けて情報提供するサーバは，インターネットの初期の段階では各企業に設置されていた．その場合には地域拠点とな

9.1 プロバイダのネットワーク構成

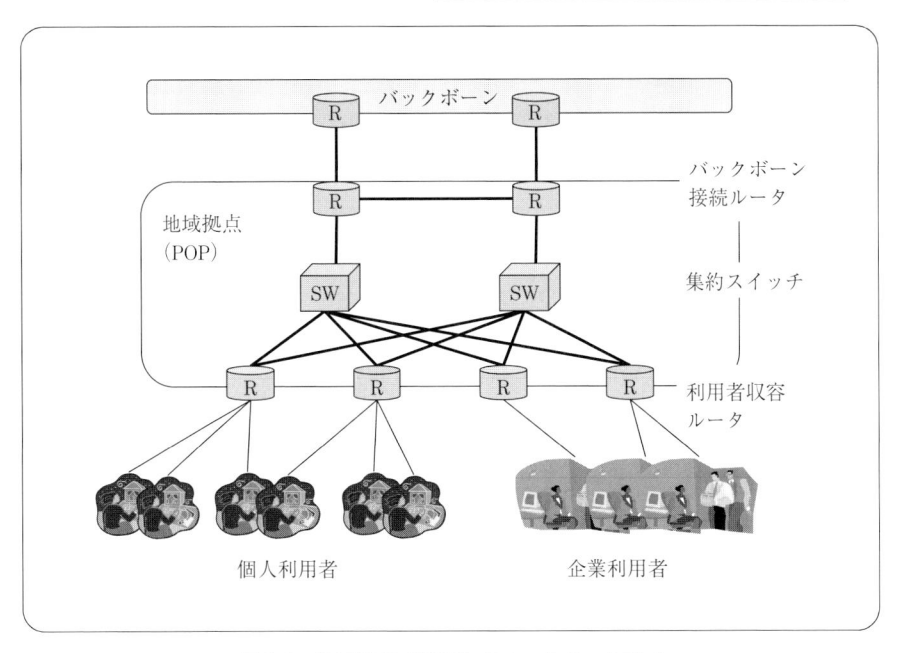

図 9.3 地域拠点（POP）のネットワーク構成

る建物から専用線で企業のオフィスへインターネット接続して，オフィスに情報提供サーバを設置していた．そこに多くの人がアクセスするサービスや情報があると，図 9.4(a) のように専用線が混雑してしまう．すると自社からインターネット側へアクセスできなくなるだ

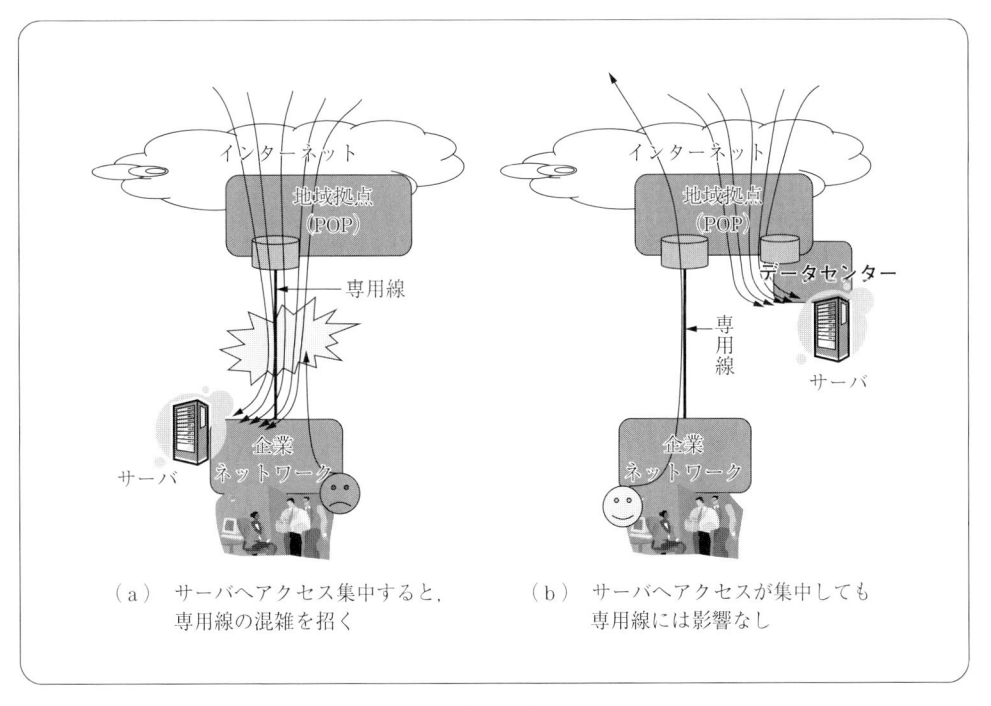

(a) サーバへアクセス集中すると，専用線の混雑を招く

(b) サーバへアクセスが集中しても専用線には影響なし

図 9.4 データセンター

けでなく，社外の利用者から「サーバに接続できない」，「通信速度が遅い」という苦情が出ることがある．これを解決するために，図（b）のようにプロバイダの収容ビル（データセンター）内に情報提供サーバを設置して，企業のインターネット接続線に負荷を与えないようになった．

9.1.3 バックボーン

重要拠点間を結ぶネットワーク

バックボーン（背骨）という名前のとおりに，プロバイダのネットワークの中核を担う部分である．バックボーンには地域拠点（POP）からトラヒックが集まる．これに対応するために，広帯域の回線で，耐障害性を考えて冗長性を持つように構成する（図9.1）．

バックボーンは，図9.5のように，主要都市間を結ぶように構成される[12]．主要都市は人口が多く経済活動の拠点でもある．そこに企業がサービス用・情報提供用のサーバを設置することが多い．その多くのトラヒックがバックボーンに集まる．このように主要都市間を結ぶバックボーンにおいては，長距離にわたり大量の情報を伝えなければならない．多くの場合には，都市間に敷設されたファイバに，波長の異なる複数の光波を通して大量の情報を伝送する**波長分割多重方式**（**WDM**：wavelength division multiplex）を用いてそれを実現している．WDM上でIPパケットを運ぶ基盤として第1層に**SDH/SONET**，第2層

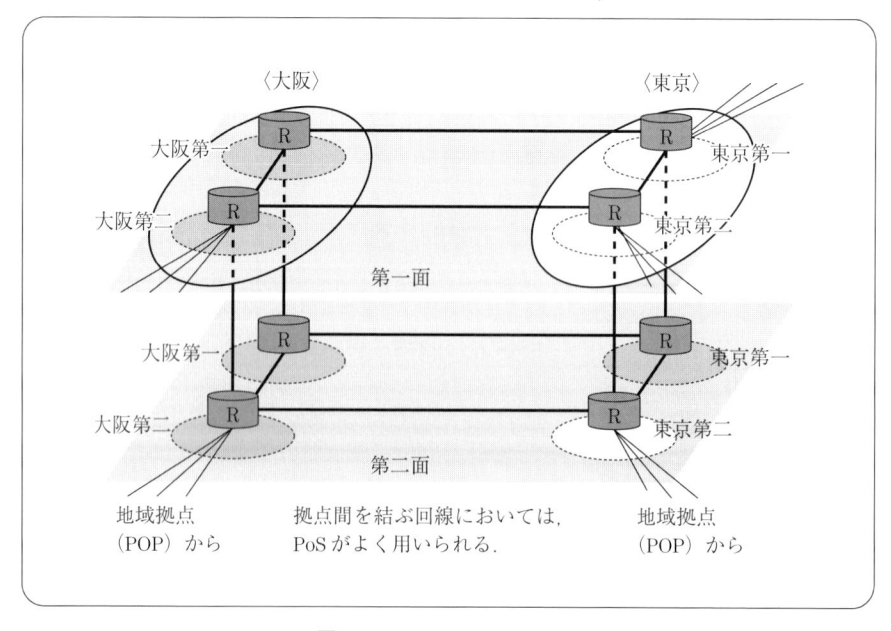

図9.5 バックボーンの構成

PPPによる **PoS**（packet over SDH/SONET）を用いることが多い．SDH/SONETは通信業者の長距離伝送用として設計されている通信規格である．PoSはイーサネットよりも管理情報が多く，伝送路の障害をいち早く検知して，素早く経路を切り換えることができる．

9.1.4　対外接続

他のプロバイダと接続する部分

インターネットは，一つのプロバイダだけで構成されているわけではない．複数のプロバイダが互いに接続されてインターネットを構成している．つまり他のプロバイダとの接続が必須である．現実には，自プロバイダ内に閉じた通信よりも他のプロバイダとの通信の方が多くなるのが通例である．他のプロバイダへトラヒックを円滑に流すために，他のプロバイダとの接続のためのルータをバックボーンに近いところに設置することになる（図9.1）．

9.2　プロバイダ間の相互接続

プロバイダの基本業務は，インターネット全体への通信が届くこと，すなわち「到達性」を提供することである．前節で述べたように，インターネットは複数のプロバイダの間が相互に接続されて全体が構成されている．到達性を保証するためには，他のプロバイダとの相互の接続を考えればよい．接続のための技術は，5章で述べた経路制御である．

プロバイダは，他のプロバイダや企業が持つIPアドレス空間がどこにあるかを，他のプロバイダから経路情報として受け取る．これを基にして，インターネットの地図に相当する経路表（ルーチングテーブル）を作る．この表には，IPアドレスごとに，隣接するどのプロバイダに送信すればよいかという情報が書かれている．その一方で，自プロバイダ内にあるIPアドレスを，他のプロバイダへ通知する必要がある．

他のプロバイダと経路情報を受け渡しするプロトコルが5.3節で説明した**BGP**である．BGPで相互接続するプロバイダは，**AS（自律システム）**と呼ばれる単位になる．ASとなるネットワークは，互いに独立したAS番号を持っている．

相互接続の仕方には，図9.6のように2通りがある．

① **トランジット**　あるプロバイダがインターネット全域と通信できるためには，原理

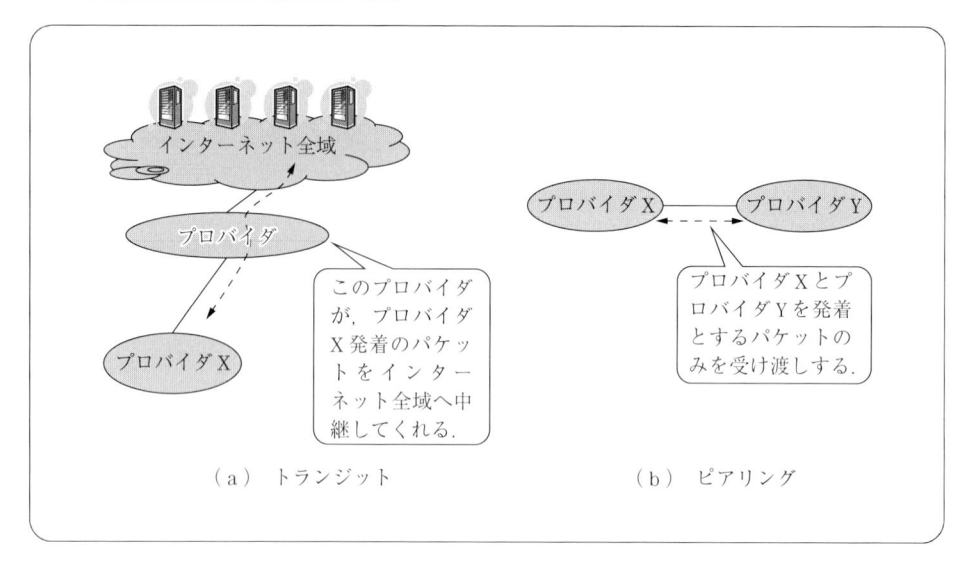

図9.6 相互接続の仕方

的にはすべてのプロバイダと相互接続すればよい．しかし，これは現実には実現できない．このため，既にインターネット全域に到達できるプロバイダに仲介役をしてもらう．このプロバイダのことを相対的に上流プロバイダと呼ぶ．インターネット全域への到達性を得るためには，インターネット全経路をこの上流プロバイダから受け取る．また，自分のアドレスに関する経路情報を上流プロバイダ経由で他のプロバイダに広告してもらう．この関係を**トランジット**（transit）と呼ぶ．

② **ピアリング**　インターネット全域へのトラヒックを上流プロバイダに運んでもらうにしても，近くにあるプロバイダとの相互の通信は，上流プロバイダを経由せずに直接通信できるように相互接続した方がよい．そのプロバイダとの間で，互いのアドレス空間に関する経路のみを通知し合う．このようにすると，通知した経路あてのトラヒックを直接交換することになる．この関係を**ピアリング**（peering）と呼ぶ．

次に，ピアリングの種別について考察してみよう．ピアリングの基本は二つのプロバイダ間で接続することである．二つのプロバイダ間で経路情報とトラヒックを交換するためには，図9.7(a)のように，互いの拠点間に専用線を引くか，両方が同じ通信局舎に拠点を持っているならば，そこでピアリングすればよい．これを**プライベートピアリング**と呼ぶ．

プロバイダの数が多い場合に，個別にプライベートピアリングをするとルータの接続インタフェースが多数必要となるから，費用がかさむ．この場合は複数のプロバイダが接続できるピアリング用スイッチSW（イーサスイッチ，ATMスイッチなど）を設置して，そのスイッチを介してプロバイダが接続すればよい．相手のプロバイダがいくつあっても，自社のルータの接続インタフェースは一つで済む．もちろん経路交換用のBGPセッションは相手

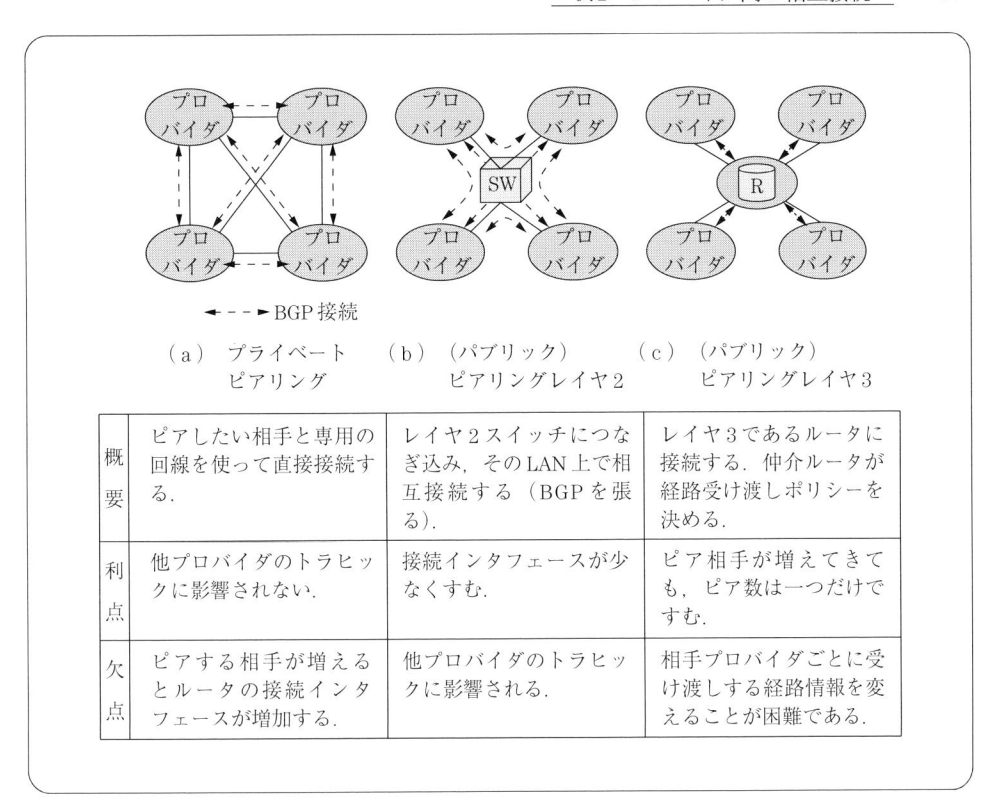

図 9.7 ピアリングの種別

	（a）プライベートピアリング	（b）（パブリック）ピアリングレイヤ2	（c）（パブリック）ピアリングレイヤ3
概要	ピアしたい相手と専用の回線を使って直接接続する．	レイヤ2スイッチにつなぎ込み，そのLAN上で相互接続する（BGPを張る）．	レイヤ3であるルータに接続する．仲介ルータが経路受け渡しポリシーを決める．
利点	他プロバイダのトラフィックに影響されない．	接続インタフェースが少なくすむ．	ピア相手が増えてきても，ピア数は一つだけですむ．
欠点	ピアする相手が増えるとルータの接続インタフェースが増加する．	他プロバイダのトラフィックに影響される．	相手プロバイダごとに受け渡しする経路情報を変えることが困難である．

プロバイダの経路ごとに設定する必要がある．この形式は，公の場で相互接続することからパブリックピアリングと呼び（図(b)，(c)），パブリックピアリングの場を**相互接続点**（**IX**：internet exchange）と呼ぶ．この場を提供・運用するプロバイダがIXプロバイダである．

IXプロバイダの多くは，図(b)のように，イーサネットやATMのようなレイヤ2スイッチでサービスを提供する．この方式をレイヤ2IXと呼ぶ．また，図(c)のように，相互接続にルータRを用いるIXもあり，この方式をレイヤ3IXと呼ぶ．IXが始まったころはレイヤ3IXも多数見受けられたが，現在ではレイヤ2IXが主流である．レイヤ3IXを使うと，2社間で交換している経路情報が，仲介するIXのルータに分かってしまう．プロバイダはだれとどのような経路情報をやりとりしているかを，他社には知られたくない．このためレイヤ3IXはあまり普及していない．

歴史的には，インターネットは米国から始まった．インターネット全域への到達性を確保するために，初期の日本のプロバイダは，自己の費用で国際回線を調達して米国へ接続していた．日本でプロバイダの数が増えてくると，日本国内の通信が**図9.8**のように一度国際回線を通って米国のプロバイダに行き，再び国際回線を通って戻ってくる．本来は日本国内の

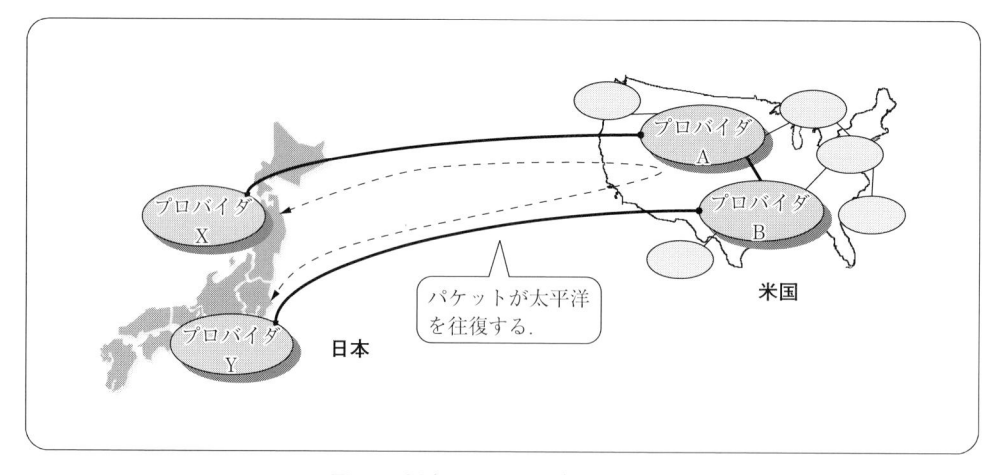

図 9.8 国内でピアリングしない場合

通信が米国を経由するため，トラヒックが増えれば国際回線がむだに使われることになる．このような背景から，日本でも国内に相互接続点をおく試みが 1994 年に始まり，WIDE プロジェクトにより東京神田神保町に研究用 IX の NSPIXP が設置された．当初は 10 Mbps のイーサネットスイッチであり，これと同じ場所に，プロバイダがルータを設置して IX に接続していた．プロバイダから NSPIXP への回線は最大 1.5 Mbps だった．その後，インターネットトラヒックの増大に伴い，東京大手町に NSPIXP 2 が設置された．

研究用ではなく商用の IX としては，1997 年に JPIX が，2001 年に JPNAP がそれぞれ東京大手町でサービスを開始している．インターネットが社会に浸透して利用者が多くなるにつれて，プロバイダは安定なサービスを，また相互接続点サービスにも商用サービスとしての安定性を求められるようになり，これが IX 商用化を促進した．2007 年現在では，商用 IX では 10 G イーサネットスイッチを複数台用いており，大手プロバイダは 10 G イーサネットを複数束ねて（LAG：link aggregation），スイッチに接続している．IX を通過するトラヒックは，JPNAP の場合 1 日の最大通信速度が 100 Gbps を超えている．最近は東京だけでなく，大阪，名古屋，福岡などの主要都市にも IX が置かれている．

9.3 障害に強いネットワーク構成

インターネットは，技術的にはベストエフォート（best effort）のネットワークであ

る．つまり，IPパケットを「最善の努力」で送り届けようとするが，送ったパケットが全部そのままの順序で相手に届くことが必ずしも保証されていない．一方で，インターネットの利用者が急増して社会インフラとみなされはじめたころから，きちんと相手につながらないと利用者からクレーム（苦情）が出るようになった．クレーム対応を誤ると利用者は他のプロバイダに乗り換えてしまう．事故があってもインターネットの接続性が損なわれないように，プロバイダ各社は障害に強いネットワークの構築運用に努力している．

信頼性を向上するための基本的な考え方は，**単一障害点**（single point of failure）を避けることである．一点の障害だけで通信不可能にならないように，ネットワーク構成を冗長化して設計する．例えば，ルータのインタフェースが故障したならば自動的に他のインタフェース経由で通信する，あるいは伝送路に障害があれば別の伝送路を自動的に選択する，などの方法を採用してネットワークを構築する．

ネットワークの冗長化を図る場合に，IP層だけの冗長構成では意味がない．例えば，東京と大阪の間に2本の専用線を引いて冗長化を図ったとしても，その2本の専用線が図9.9のように同じ光ファイバ上のWDMで実現されているとする．そのファイバが物理的に切れてしまえば2本の専用線が同時に不通となってしまう．これでは十分な冗長構成とはいえない．すなわち，冗長化にあたってはIPなどの論理面での冗長性だけでなく物理面での冗長性も考慮して設計する必要がある．

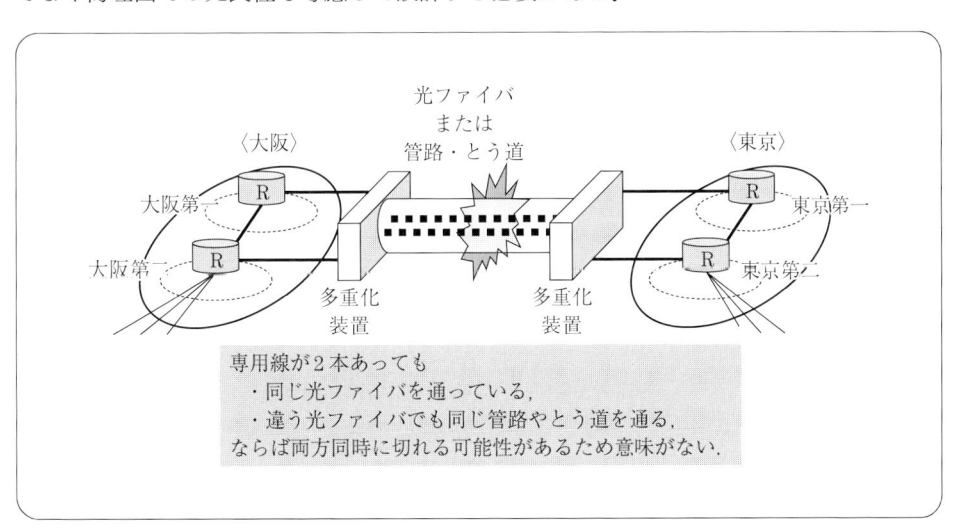

図9.9 冗長化における注意点

なお，冗長構成を追究するといかなる部分でも二重化が必要に思えてくる．二重化とは性能を使い切らない装置を余分に抱えておくことである．ビジネスとしてみると費用負担が増大することを意味する．このため，所要の費用と障害の発生確率・障害発生時

表 9.1 プロバイダの各部分における冗長構成

層	アクセス	地域拠点（POP）	バックボーン	対外接続
物理層	（企業向け） ・ファイバ敷設経路冗長化 （一般向け） ・冗長化は困難	・バックボーン二つのルータへ接続 ・ルータやスイッチ間接続冗長化	・ファイバ敷設経路の二重化 ・ルータ冗長構成化（筐体・電源・インタフェース）	・対外接続ルータ複数化 ・冗長構成化 ・接続 IX 複数化（地理的分散）
論理層	（企業向け） ・経路制御で冗長化 （一般向け） ・マルチセッション可能なら複数プロバイダへ接続	・POP 内 LAN の冗長化 ・経路制御（BGP, OSPF で冗長化）	・経路制御（BGP, OSPF）で冗長化	・経路制御（BGP）で複数接続

の影響範囲・損害を勘案して，どこまでを二重化して，どの部分はあきらめるかを決める必要がある．表 9.1 にプロバイダの各部分における冗長構成を示す．

9.3.1　バックボーンの冗長化

　バックボーンはプロバイダのネットワークの中で多くのトラヒックを運ぶ部分である．自社の地域拠点（POP）間のトラヒックだけではない．相互接続部分で受け渡される，他のプロバイダと自社の利用者との間のトラヒックもバックボーンを通じて送受される．バックボーンルータは主要都市に設置する．主要な都市ではトラヒックが多いため，バックボーンルータを置く場所として適切である．また，主要都市は都市間を結ぶファイバの起点となっている．日本の例では，東京，大阪を中心に，名古屋，福岡，仙台のような主要都市にバックボーンのルータを設置しているケースが多い．

　各拠点において，バックボーンルータは 2 台設置することが多い．一つのルータが障害を起こした場合には，もう一つのルータがその機能を代替するためである．二つのルータを同じビル内に設置する場合は，ビル内の電源系統にも気を配る必要がある．ルータに電力を供給する分電盤が同じであれば，そこが単一障害点になる可能性がある．更に，同じビル内では，ビル全体にわたる障害や事故のときに単一障害点になることが考えられる．そのため二つのルータを同じ地域の別のビルに設置することもある．

　各拠点間は，それぞれ 2 台設置したルータの間を 2 本の専用線でつなぐ．2 本の専用線はそれぞれ別のファイバを用いる．前述したように，同じファイバに 2 本の専用線が割り当てられていると，そのファイバ 1 本が切れたときに 2 本の専用線ともダウンしてしまう．更に 2 本のファイバが地理的に同じ管路・とう道に敷設されていると，地震などの災害や，土木工事で誤ってファイバを切断する事故が発生したときに 2 本同時に切れる可能性がある．そのような場合も考慮して，2 本の専用線を割り当てるファイバは，ファイバの経由地を太平

洋側ルートと日本海側ルートのように地理的に離して設置する場合もある．

物理的な構成の二重化を図り，単一の障害点となるのを極力避けたうえで論理的な構成を考える．IP 層で発生する事象に対応して，次のような通信経路切換制御（経路制御）を考える．バックボーンの IP 層では，5.3 節で述べたルーチングプロトコルを用いて迂回制御を行う．バックボーンでは，内部経路制御プロトコル（interior gateway protocol）として **OSPF** や **IS–IS**，外部経路制御プロトコル（exterior gateway protocol）として **BGP** を用いる．前者はおもに自プロバイダ内の経路情報を取り扱い，後者はおもに他プロバイダや顧客企業の経路情報を取り扱う．

OSPF はバックボーンや地域拠点のネットワークトポロジーを管理する．OSPF は近隣のルータが生きているかどうかを定期的に確認する．もしルータやリンクに障害が発生して相手ルータからの応答がなくなれば，バックボーンや地域拠点にあるルータへの最短経路を再計算してネットワークの経路表を再構築する．このように障害発生箇所を回避して通信が滞らないようにする．ところで，ルータやリンクに障害が発生したことを検知する時間は，定期的に送っている確認応答の周期（通常数十秒の単位）に依存する．また，一度の無応答では反応しないように設定しておくのが通常であるから，通信断とみなすための連続無応答の回数設定にも依存する．このような時間が必要なため，迂回経路を設定してネットワークを再構築するためには，一定時間が経過してしまう．この確認を迅速に行い，OSPF のパラメータ設定を工夫して短い時間で経路が切り換わるように調整することがある．

OSPF で最短経路を計算する際には，リンクの帯域に基づく「コスト」という値を用いる．リンクの帯域が広いほどコストを小さくするような数値である．通常は，**図 9.10** のように，あて先アドレスが存在するルータまでのコスト値の合計を計算して，コストの合計が最も小さくなる最短経路を選択する．この値が初期設定値のままでは，意図しないところにトラヒックが流れてしまう可能性がある．これを考慮してプロバイダはコスト値を調整し，自社の意図した経路にトラヒックが流れるように工夫している．

BGP は，あて先アドレスが他のプロバイダに存在するような経路を管理する．BGP で管理する情報を使えば，他のプロバイダにある IP アドレスへ到達するためにどのルータを目指せばよいか（next hop）を知ることができる．バックボーンに何らかの障害が生じると，その next hop への到達性が失われたり，あるいは OSPF などで計算するコスト値が変化して経路が変化する場合がある．このとき自社からの出口となるルータが適切なルータに切り換わり，バックボーンのトラヒックの流れも変わってくることを想定して，プロバイダはバックボーンの特定のリンクが輻輳しないよう，注意深く経路設定を行っている．

プロバイダが管理する経路の数が多くなると，自社の内部は OSPF で，外部への経路は BGP で管理する，というような単純な使い分けでは能率が悪くなる．大規模なプロバイダ

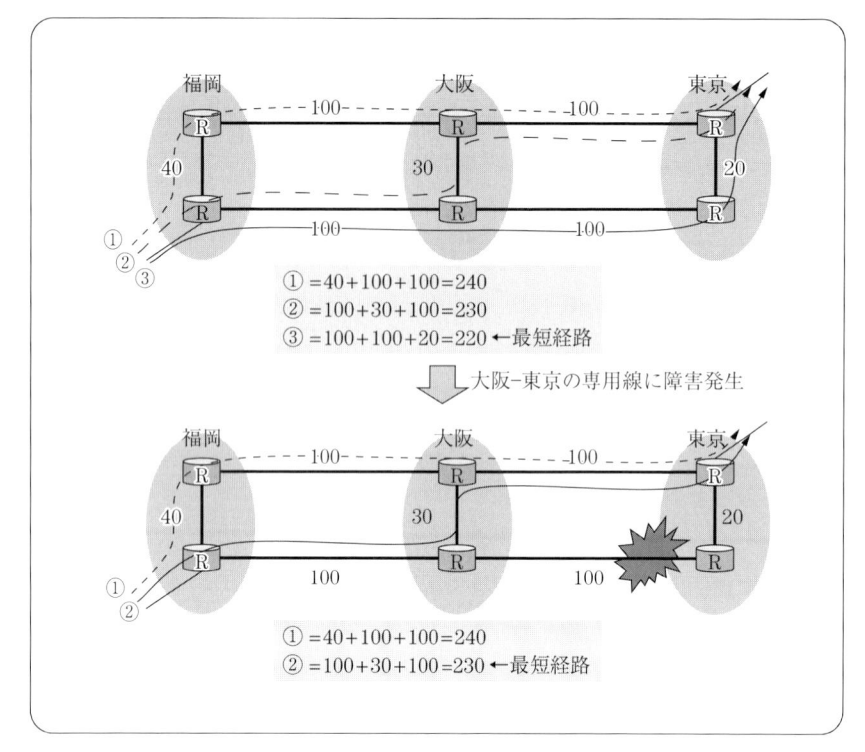

図 9.10 バックボーンにおける経路制御の例

内では，自社のネットワークを複数の AS（自律分散システム）に分割して（これらをサブ AS と呼ぶ），サブ AS 間は BGP で経路情報を交換する方法が使われる．OSPF が扱う経路数が増えてくると，経路情報の変化に伴って一定時間内に再計算を終えない場合が出てくる．このため，OSPF が扱うエリアを細分化して，そのエリア間では BGP を使って経路情報を交換すると，規模が大きくなっても全体の経路情報をうまく取り扱うことができる．

9.3.2　地域拠点ネットワークの冗長化

　地域拠点には利用者宅からのアクセスネットワークを収容するルータ群が設置されている．この利用者収容ルータは通常は二重化しない．アクセスネットワークを二重化するのが困難だからである．このルータ群からのトラヒックをまとめて，バックボーンに接続するルータまでは，地域拠点の構内 LAN を二重化する．

　物理的な冗長構成をとるためには，バックボーン接続用ルータを 2 台設置する．それぞれのルータはバックボーンに接続する．地域拠点内にはトラヒック集約用スイッチを 2 台設置する．顧客収容ルータは集約スイッチそれぞれに接続する．論理的な冗長構成には，OSPF で地域拠点内のネットワークの構成（トポロジー）を管理する．図 9.11 のように，顧客収

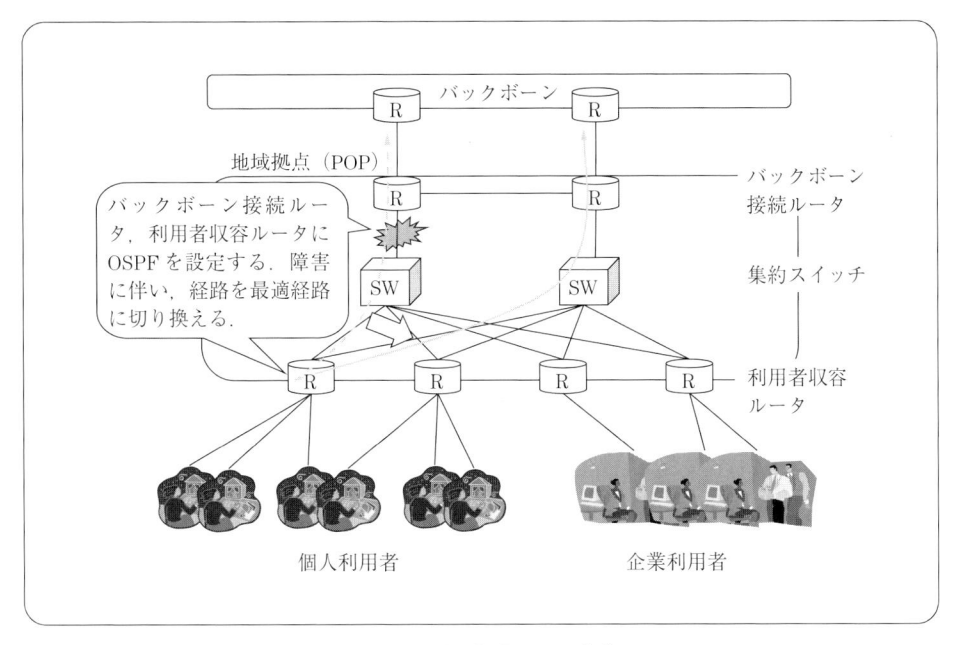

図 9.11　地域拠点の冗長構成

容ルータごとに，二つあるバックボーン接続用ルータのうちどちらかを優先して通信するように設定する．ルータやスイッチの本体またはインタフェースの一つがダウンしても，もう一つのバックボーン接続用ルータに経路が切り換わるように設定する．

9.3.3　アクセスの冗長化

アクセスネットワークでは冗長構成はほとんどとられていない．物理的にアクセスネットワークを二重化するにはかなりのコストがかかる．このため，ファイバなどを利用者宅まで二重に引くことはほとんどない．それでもアクセスネットワークの二重化にコストをかけられる利用者（企業）が存在することがある．そのような企業には，通信業者の収容ビルから自社ビルまでのファイバを複数敷設して二重化を図る．また，可能であればファイバの経路を変えて敷設したり，別の収容ビルから敷設する．より高い冗長性を確保するためには，別の通信業者の収容ビルからファイバを敷設することもある．

9.3.4　対外接続の冗長化

9.2 節で述べたように，インターネット全域への到達性を確保するための上流プロバイダとの接続（**トランジット**）と，上流プロバイダを経由せずに，プロバイダ相互に自プロバイ

ダ顧客のトラヒックだけを直接交換する接続（**ピアリング**）がある．プロバイダは，少なくとも二つの上流プロバイダと接続してトランジットの冗長化を確保している．上流プロバイダに障害が起きた場合に，一つのプロバイダだけに頼っているとインターネットとの通信がすべて途絶してしまう．いかにインターネットがベストエフォートであるといっても，利用者から許される時代ではない．そのため，多くのプロバイダは，多少費用をかけても図9.12のように冗長化を行う．ピアリングに関しても，相手のプロバイダが許せば少なくとも2か所でピアリングするようにしている．上流プロバイダと接続していれば，ピアリングが切れても上流プロバイダ経由で通信が確保できる．しかし，場合によっては先に述べたように米国経由の経路になる可能性があり，通信速度や品質が著しく劣ることになる．このため，国内で2か所以上でピアリングするのが望ましい．

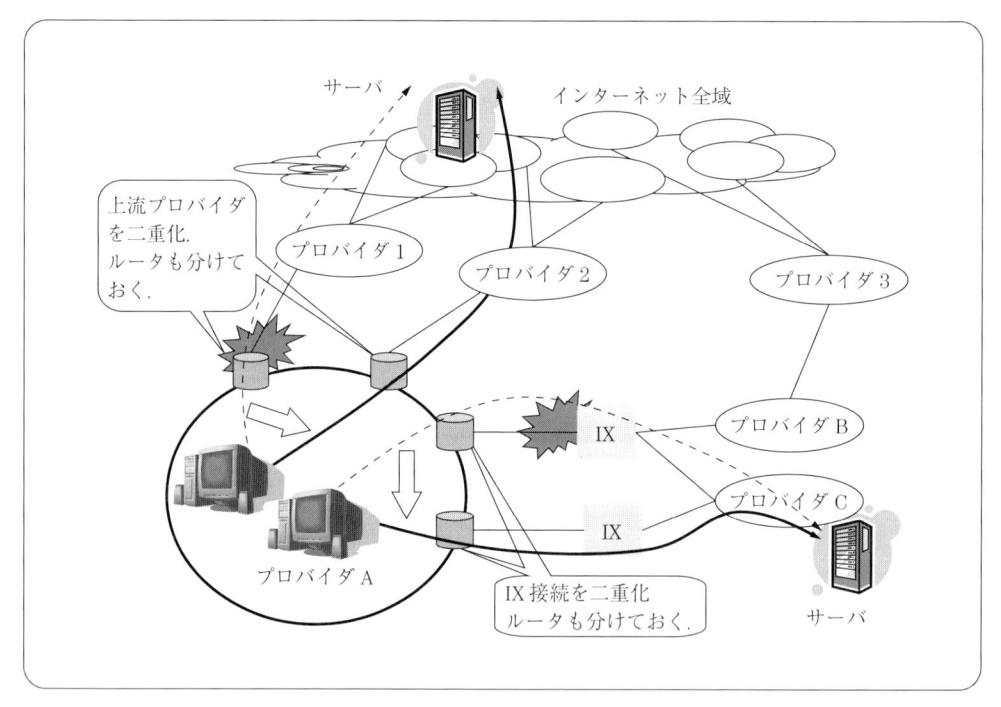

図9.12 対外接続の冗長化

対外接続における経路情報の交換はBGPで行う．上流プロバイダ2社からインターネット全域への経路情報を受け取るとともに，自プロバイダ内の経路を上流プロバイダに「広告」（advertise）することによってインターネット全域と通信ができるようになる．複数の上流プロバイダからBGPで受け取ったインターネット全域の経路情報を比較して，あて先のアドレス空間ごとにどの上流プロバイダに向けてパケットを送信するかを，BGPを理解できるルータが最適経路決定アルゴリズムに基づいて決める．

BGPを用いると，プロバイダは経路ごとに付与する属性値を変化させることで最適経路

を選択できる．属性値を使って，自社からインターネットへ出て行く方向のトラヒックを操作することが可能である．例えば，回線料金が高いプロバイダの線はなるべく使用せず，安い回線にトラヒックを載せることができる．このようにトラヒックを調整することを**トラヒックエンジニアリング**と呼ぶ．逆に，自社へ入ってくる方向のトラヒックエンジニアリングは難しい．自社経路を広告するときに属性値を付けて片方の接続線をなるべく使わない設定にすることは不可能ではない．しかし，受け取ったプロバイダ側の方が上書きできてしまうため，入る方向（受信する）のトラヒックは制御できないのが現状である．

9.4 日本のインターネットトポロジー

インターネットは世界に広がった（グローバルな）ネットワークである．国境という概念はインターネットにはない．しかし，インターネットへの接続サービスを提供するプロバイダは，サービス提供するエリアの制度（法律・規制）やサービス利用者の特徴（言語・文化）に大きく影響される．その結果，プロバイダのネットワーク構成もサービス提供地域や提供対象の利用者によって大きく変化する．

日本のインターネットは，**図 9.13(a)**のように人口の分布に似ていて東京集中形である．多くのプロバイダは東京を中心にスター形にバックボーンを構成している．このためIXも東京に多い．しかし，災害や大規模障害のことを考慮すると東京近辺で複数か所ピアリングするのは安心できない．このため大手プロバイダは大阪にあるIXも利用して東京と大阪の2か所でピアリングしている．また，サービス提供にあたっては，重要なサーバ類を東京と大阪に二重に設置することがある．仮に関東で大規模な地震が発生すると，東京でのトラヒック交換が不可能になる．もちろん日本のインターネットトラヒックの多くは東京発着であるから，全体のトラヒック自体が減少するはずである．しかし，関東以外の地域では通常どおりに人々の活動やビジネスが行われていることを考えると，それを支えるインターネットはその他の地域ではきちんと動いていることが求められる．

東京の中心部分で局地的に発生した災害であっても，その影響は広範囲に及ぶことがある．例えば，通信業者のビルが集中する地域で大規模停電が発生すれば，IXやそこに接続しているプロバイダのルータがダウンする．つまり日本全体のインターネットトラヒック量は変わらないとしても，東京でのトラヒック交換ができなくなる事態も想定される．このた

図中テキスト：
- 日本はほとんど東京に一極集中し，東京中心のトポロジーとなっている．
- 札幌／仙台／東京／名古屋／大阪／広島／福岡／アジアへ／北米へ
- 米国は広い国土に大都市が分散．はしご形に都市をつなぐと複数経路のあるトポロジーとなる．
- シアトル／シカゴ／ニューヨーク／ロサンゼルス／ダラス／ワシントンDC／マイアミ

（a）日本のバックボーンネットワーク　　（b）米国のバックボーンネットワーク

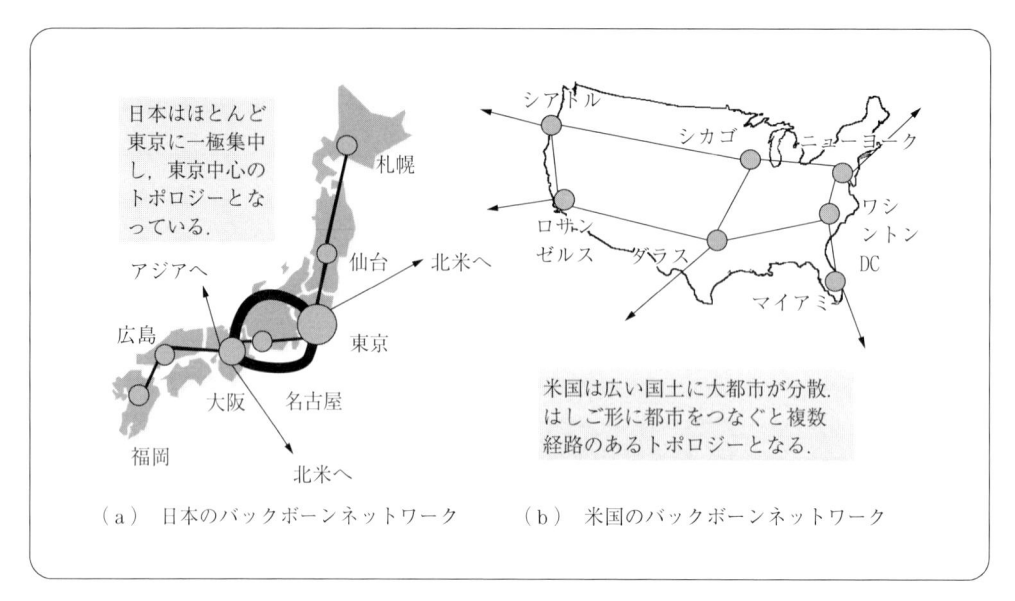

図9.13　日米のインターネットトポロジーの違い

め日本全体を考えると，東京から地理的に離れた場所においてもプロバイダ間で相互接続しておくことが，インターネットの冗長性を保つためには非常に重要である．

米国のインターネットは，広い国土に複数の大都市が散在しており，東海岸から西海岸へ，図（b）のように大都市を経由する形でバックボーンを構成する．プロバイダどうしはそのような大都市のうちいくつかで相互接続し，地域内のトラヒックはその地域内に留めるように運用している．

9.5　プロバイダのビジネスモデル

インターネットはネットワークのネットワークである．さまざまなネットワークが相互に接続しあって全体が構成されている．プロバイダは，インターネットを構成する一つのネットワークでもある．日本のプロバイダ数は，2007年3月現在総務省に登録・届出済みの電気通信事業者は約1万4千社あり，休眠状態の事業者を差し引いても，全国で数千社あると考えられる．固定電話会社や携帯電話会社の数に比べるとはるかに数が多い．

ではプロバイダ事業とはどのようなビジネスモデルなのだろうか．プロバイダは，企業や

一般利用者をインターネットに接続することを「ビジネス」としており，その対価として企業や一般利用者から利用料を受け取る．一方で，プロバイダ自体も会社の一種であるから営業や管理に費用がかかる．また，プロバイダ自身のネットワークを構築するのに，ルータ，スイッチ，サーバなどの機器や遠隔地間を結ぶ専用線に費用がかかる（図 9.14）．

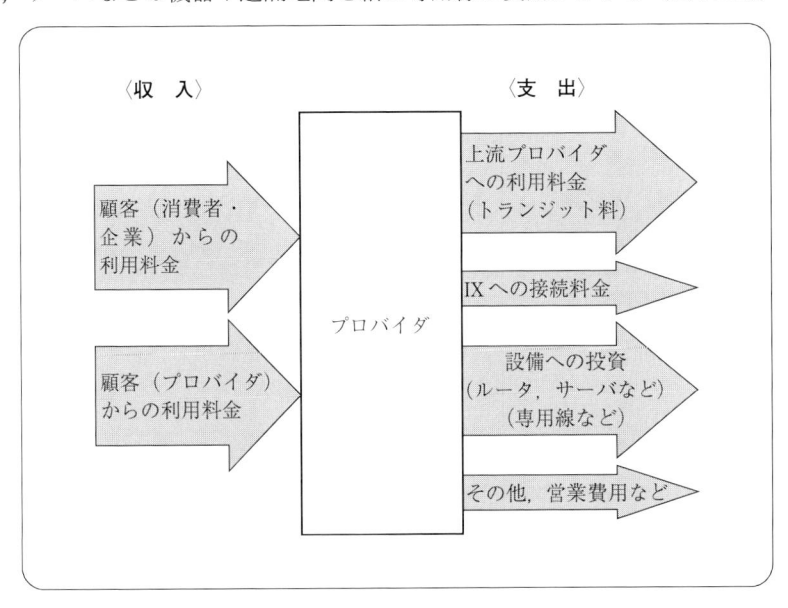

図 9.14 プロバイダのおもな収入と支出

このほかに，プロバイダ間の接続に当たっても費用が発生する．9.2節でプロバイダ間の接続関係にはトランジットとピアリングがあることを説明した．トランジットは，インターネット全域への到達性を得るため上流プロバイダと接続して，インターネット全体の経路情報を受け取るとともに自分の経路情報を上流プロバイダからインターネット全域に広告してもらう．この経路情報に従って自分のネットワーク発着となるトラヒックを上流プロバイダに運んでもらう．このとき，上流プロバイダにトラヒックを運んでもらう形になるため，そのプロバイダは上流プロバイダに対して費用を支払う（**図 9.15(a)**）．

一方，ピアリングの場合には，接続するプロバイダ双方にメリットがある．上流プロバイダ経由で通信していたトラヒックが，ピアリングによって上流プロバイダをバイパスすることができ，上流プロバイダに支払う費用を節約できるからである．このため一般的にピアリングでは費用の支払いを行わない．ただし，プロバイダどうしの規模の違い，あるいは多くの利用者がアクセスする人気コンテンツの有無により，ピアリングのメリットに差がある場合は，それなりの費用を支払うこともある（図(b)）．

プロバイダが上流プロバイダにトラヒックを運んでもらう対価は，基本的に上流プロバイダと接続する回線の太さ（帯域幅）で決まる．契約は月額の定額が主流である．例えば，回

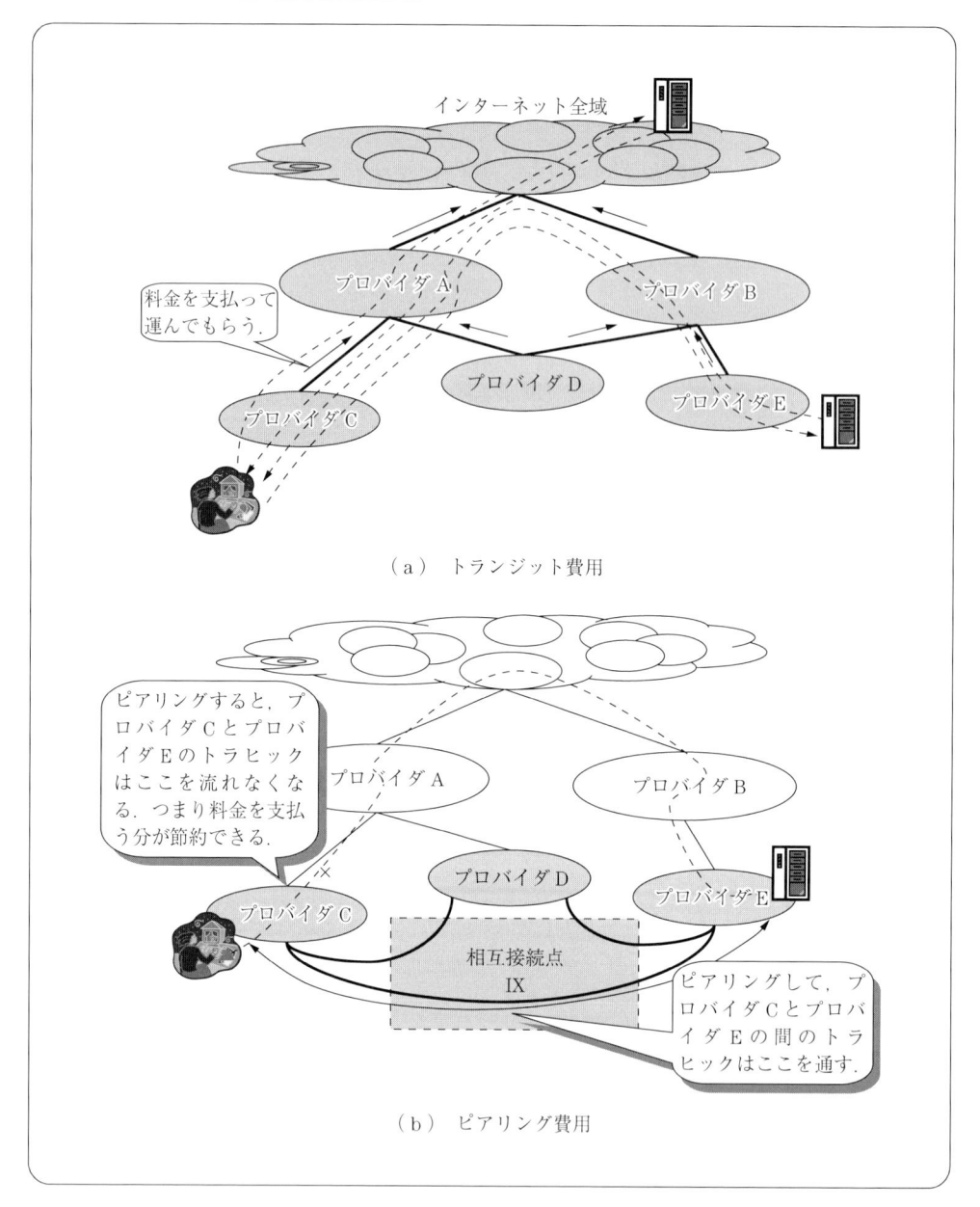

図9.15 トランジット費用とピアリング費用

線の帯域が 1 Gbps あるいは 10 Gbps で月額いくらという計算になる．

このほかにも，運んだトラヒック量で計算する場合もある．決められた量の範囲内ならば割安だが超えた場合は割高になる．比較的よく使われる計算手法は **95% 課金** である．通信しているトラヒック量を例えば 5 分ごとに計算し，月の終わりにトラヒック量の多い方から順番に並べ上位 5% を除外したあと，最も多いトラヒック量を基準に料金を計算する．イン

ターネットでは一時的に大量のトラヒックが流れることがある．その最大値を基準に計算するのではなく少なめの数値を用いることで，顧客となるプロバイダは帯域に余裕を持って運用できる（**図9.16**）．

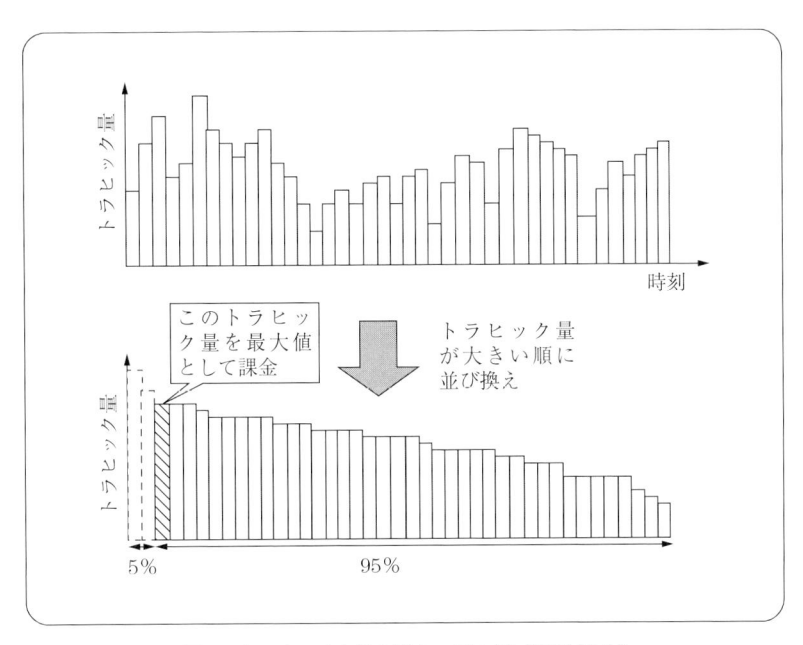

図9.16　プロバイダの課金モデル例（95% 課金）

　プロバイダが運ぶトラヒック量は現在のところ常に増加傾向にある．インターネット利用者がまだ増加中であること，新たなサービスが広まり利用者当りのトラヒック量も増加中であることが増加要因として挙げられる．プロバイダから見ればインターネット全域と通信するために支払うトランジットの料金が増え続けることになる．

　プロバイダは利用者からインターネット接続料を受け取る．利用者には家庭や個人，企業がある．またインターネット上で検索サイト，ショッピングサイト，ニュースサイトなどネットビジネスを展開する企業も利用者に含まれる．利用者が増加するならばプロバイダの収入も増える．しかし，それ以上にトラヒック量が増えトランジット料金が増えてしまうと，プロバイダのビジネスは成立しない．

　インターネット全域への到達性はプロバイダにとって必須の条件である．しかし，海の向こうの遠く離れたプロバイダとの通信ばかりではない．実は近くでサービスをしているプロバイダとの通信が多い場合もある．日本で商用インターネットが始まった当初は，利用者が見たい情報はインターネット先進国である米国に多かった．しかし，国内で情報提供するWebサイトが立ち上がり，日本語対応のブラウザが増えると，今度は国内のプロバイダ間のトラヒックが増加してくる．このとき日本のプロバイダの中で互いのネットワーク発着と

なるトラヒックを直接交換すればよい．こうすると上流プロバイダにトラヒックを運んでもらわずにすむ．すなわち上流プロバイダに支払うべきトランジット料金を節約できる．

本章のまとめ

❶ プロバイダはサービスを止めないよう，冗長化や復旧時間短縮に向けてさまざまな努力をしている．

❷ プロバイダどうしの接続には，インターネット全域への到達性を他プロバイダから購入するトランジットと，互いのネットワーク間だけで接続するピアリングがある．

❸ バックボーンの構成は国ごとの特徴が出る．その国の経済活動の特徴が反映されるため，日本のインターネットは東京への一極集中が顕著である．

●理解度の確認●

問 9.1　日本から米国への国際回線に冗長性を持たせるためにはどうしたらよいか．

問 9.2　図 9.17 のようにプロバイダが接続されている．ISP-A に接続した事業者のコンテンツが人気を博し，トラヒックが著しく増大したとする．このとき，ISP-A, B, X, Y の収益がどのように変わるか．トラヒックが増大して費用が増大する事業者はどのように対処すればよいか．

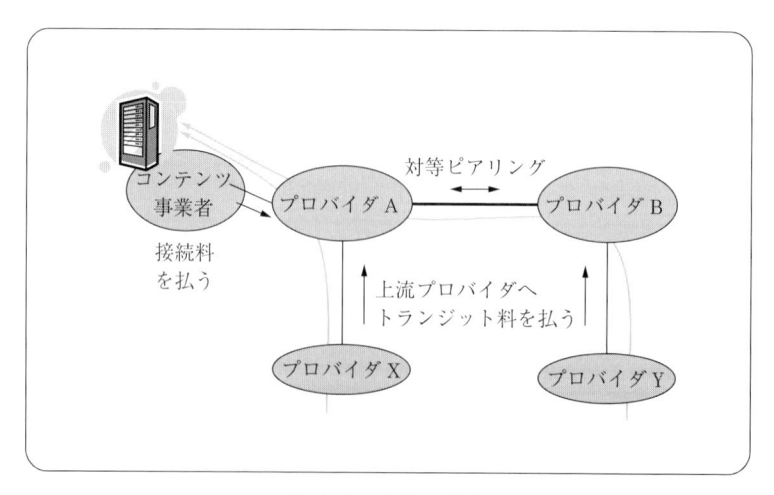

図 9.17　収益と費用

10 セキュリティ

　インターネットのプロトコルは，できる限りシンプルに作るという信条で設計されている．インターネットが誕生した初期の時代には，研究用のネットワークであり，インターネットの利用者は，互いに多少は知り合いの関係にあった．全く知らない利用者でも研究者仲間として信用できる人物と考えられていた．インターネットを利用するときのエチケットは，研究者のコミュニティの中で周囲から教えてもらえた．少しでも他に迷惑がかかる行為は注意された．このような性善説でインターネットは作られたのである．

　インターネットの商用利用が始まり社会的に広く使われるようになると，素朴な性善説は通用しなくなる．世の中には悪意を持つ人がいるかと思えば，中には知らずに悪いことをしてしまう人がいる．知らずに悪事に加担してしまう人も多くでてくるようになる．

　インターネットを社会インフラとして利用して，健全に発展させていくためには，悪意ある行為ができないような仕組みを技術的に導入するとともに，利用者のセキュリティ意識を向上させるように啓蒙する必要がある．

10.1 セキュリティ上の脅威

インターネットは性善説で作られている．利用者が悪いことをしないという前提で，プロトコルがシンプルに設計されている．例えば，送信する IP パケットの送信元アドレスを考えてみよう．本来はプロバイダから割り当てられた IP アドレスを送信元アドレスとして IP パケットを組み立てて通信を行う．しかし，プロバイダから割り当てられた IP アドレスでなくても，適当な（偽の）送信元アドレスを設定してパケットを送信することが可能である．利用者から送られてきた IP パケットの送信元アドレスが，本来の割り当てたアドレスと同一かどうかを確認しているプロバイダはそれほど多くない．

また，インターネットの応用プログラム（アプリケーション）のなかにも似たような事例がある．電子メールがその一つである．電子メールを送信するときに，送信者（差出人）のメールアドレスが実在する本来の利用者か，あるいは偽の架空なものかどうかを確認していないことが多い．

インターネットの構造（アーキテクチャ）がオープンで自由度が高かったことが，こんにちのインターネット発展を促した大きな要因である．その一方で，それが悪用されることが多くなってきているのが現実である．ネットワークの側だけではなく，インターネットにつなぐ機器類，すなわちパソコン（PC）や情報家電などにも問題がある．PC や情報家電は，インターネットにつなぐ機能以外に豊富な機能を持ち，これらはプログラムとして組み込んである．そのプログラムの欠陥（バグやセキュリティホール）があるために，第三者がインターネットからアクセスしてその機器を乗っ取り，外部から制御してしまうことが可能である．

このように第三者が侵入して制御に利用できる欠陥やインターネットプロトコルの仕様の不備を脆弱性（vulnerability）と呼ぶ．PC，情報家電だけでなくサーバ，ルータ，スイッチのソフトウェアなど，インターネット通信にかかわるさまざまな機器に存在する．脆弱性が発見されると，修正用のソフトウェア（アップデータやパッチと呼ばれる）で修正するか，何らかの回避策（例えば，インターネット接続ルータでフィルタをかけるなど）を取る．もちろんまだ見つかっていない脆弱性も存在すると考えるべきである．

10.2 脆弱性が引き起こす被害

脆弱性を利用すると，どのような悪意のある行為をされてしまうのだろうか．
- インターネットへの通信を妨害する，業務や個人の活動を妨げる．
- 業務にかかわる情報や個人情報を盗む，あるいは外部へ流出する．

インターネットへアクセスするための回線の帯域は限られている．個人であればアナログ電話の 33.6 Kbps から光ファイバの 100 Mbps ぐらい，企業であれば数 Mbps から 1 Gbps である．

回線の帯域を図 10.1(a) のようにむだなパケットで埋めつくすと，利用者はインターネットへの通信ができなくなってしまう．また，回線の帯域を使いつくさなくても，サービスを提供しているサーバ群を使用不可能にしてしまう手口がある．サーバは外部からの接続要求を待っている．そこに攻撃者がサーバで処理できる数以上の接続要求を出せば，そのサーバは本来接続したい利用者が接続できなくなる（図(b)）．

インターネットを通してオンラインサービスを提供する企業であれば，これらの攻撃によってビジネスチャンスを失うことになる．しかも攻撃者は追跡されにくい仕組みを使う．そのためなかなか攻撃者を特定できず，セキュリティ上の対策も，例えば攻撃されている間はすべてのパケットをフィルタするなどの対症療法が中心となってしまう．

また，企業が外部に情報やサービスを提供しているサーバだけでなく，企業内の PC や，個人の PC に攻撃者が侵入し，重要な情報を盗み出したりファイルを消したり書き換えることもある．クレジットカード番号や，何らかのサービスの利用アカウントとそのパスワードを盗まれるとその損失は大きい．企業の機密情報が流出すれば企業の存亡にかかわることにもつながる．

更には，個人情報保護法制定や個人情報保護意識の高まりによって，顧客リストなど個人情報の流出が発生すると，企業にとってはブランド失墜などダメージが大きい．また有名な Web サイトの偽物をつくり，利用者にアクセスさせてアカウントやパスワードをだまし取る．これが**フィッシング**（phishing[†]）である．米国ではシティバンクの偽サイトが作られ，

[†] phishing という言葉は，魚釣（fishing）と洗練（sophisticated）に由来するという．

114 10. セキュリティ

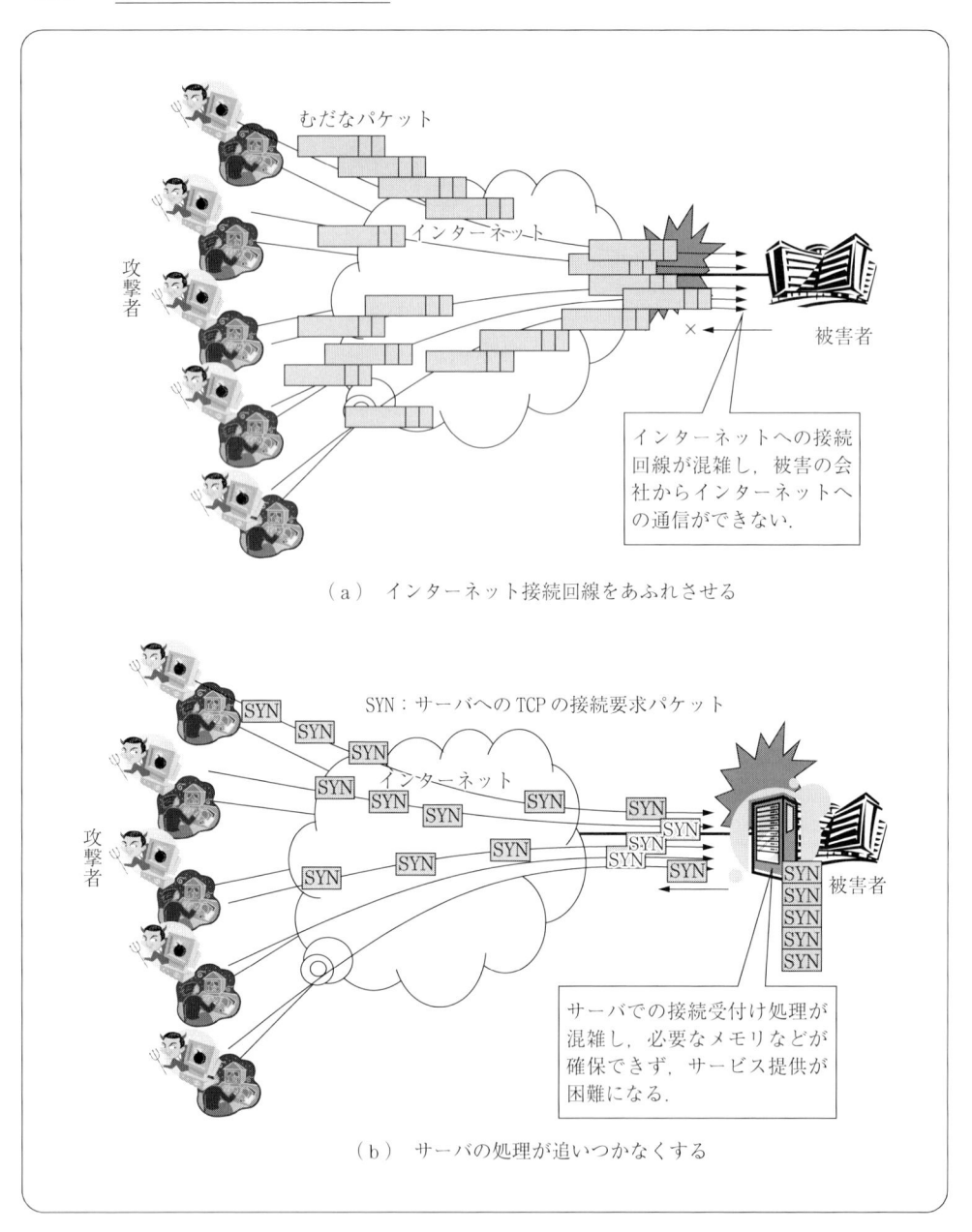

（a） インターネット接続回線をあふれさせる

（b） サーバの処理が追いつかなくする

図 10.1　サービス妨害攻撃

アカウントやパスワードをだまし取られた例がある．

10.3 コンピュータへの侵入方法

PCやサーバなどを侵入者が外部から制御できるようにするためには，何らかの手法でPCの制御権を奪う必要がある．
- 外部から脆弱性を突いて自動的に侵入
- 利用者を欺き何らかの操作をさせて侵入

前者は，まずインターネットに接続されたPCやサーバがどのようなサービス（ソフトウェア）を稼働させているかを外部から確認する．対象とするアドレス空間を定めて，その範囲で動いていると思われるサービスへのリクエストとなるパケットを送る（**ポートスキャン**）．該当するサービスが動いていると，何らかの反応がある．これを手掛かりにしてどのようなサービスがあるのか，また，相手のオペレーティングシステムやそのバージョンが何かなどを確認する．相手が動かしているソフトのバージョンなどが判明すれば，そのアプリケーションの脆弱性情報を基にして侵入の手口を考えることができる．

また，後者は，利用者に電子メールを送り，そのメールに添付されているファイルを開くことによって**ウィルス**に感染させる．また，電子メールやWebページに，悪意あるページへ誘導するリンクを置き，そのWebページの中にブラウザの脆弱性をつくコードを仕込んで侵入を図る手口もある（**トロイの木馬**）．このように侵入した悪意あるソフトは，PCのハードディスクを破壊したり，PCの中に記録されている電子メールアドレスを取得して勝手にメールを送信したり，アカウントとパスワードを取得するなど，それぞれ異なる活動を行う．

10.4 ボットネット

インターネット上でのセキュリティを巡る攻防が続くにつれ，攻撃側は洗練された仕組み

を考えるようになった．その一つが**ボットネット**（**Botnet**）と呼ばれる手口である．

インターネットの拡大とともに，ネットワークに関する知識がない一般の利用者がインターネットを使いだした．普通の人々にとってはPCは家電製品と同じような存在である．製品に組み込まれたソフトウェアに不具合（脆弱性）が見つかった場合は，その不具合を修正するソフトウェア（パッチ，アップデータ）を取り込んでいち早く修正するべきである．しかし，この修正の必要性を全く感じていない利用者も多く，脆弱性がいつまでも解消されないPCなどがインターネット上の至る所に存在することになる．

Botnetはこの現状をうまく活用する．Botnetを構成しようと考える悪者（Herder）は，図10.2のように，まず脆弱性を放置したPCに住みつくウィルスを放つ．うまく侵入することができたら，Herderからの命令を受けるために，ウィルスは指定されたサーバにアクセスし，チャットアプリケーション（IRCなど）のチャネルに接続する．このサーバのことを**C&Cサーバ**（command and control server）と呼ぶ．同じように侵入された他のPCも同じチャネルに接続してくるから，Herderは複数のPCを制御チャネルを介して制御できる体制を構築できる．このとき，侵入されたPCを**ゾンビPC**（zombie PC）と呼ぶ．一つのBotnetで組織するゾンビPCの数が数百から数万台規模になることもある．また，制御チャネルの堅牢性も持ち合わせている．HerderはダイナミックDNSを用いて，状況に応じて複数のC&Cサーバを切り換える機能を持つ．1台のC&Cサーバがダウンしても他のC&Cサーバを制御チャネルとして利用可能としている．

Botnetの用途は，迷惑メール送信，サービス妨害攻撃（DoS攻撃，DDoS攻撃），情報

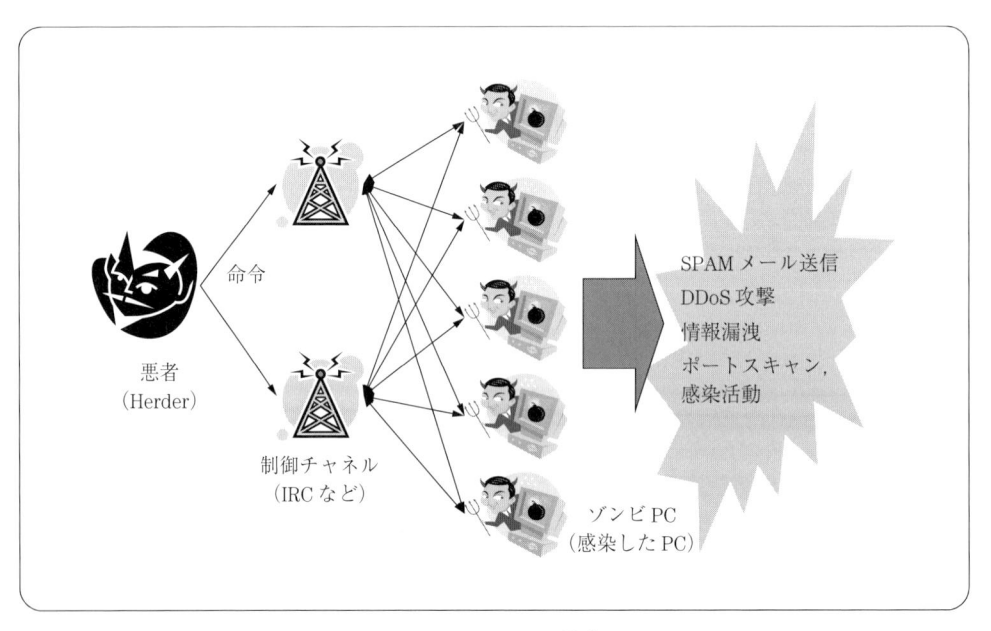

図10.2 Botnetの構成

収集（アカウント，パスワード，メールアドレス一覧，ソフトウェアのプロダクトキー）などである．

　Herder は必要に応じてゾンビ PC に命令を送り，サービス妨害攻撃をしかけたり，情報収集を行わせたりする．場合よってはウィルスが自分の近隣ネットワークを走査（スキャン）して感染を広げる活動を行う．また，Herder からの命令でプログラムコードをダウンロードし，新たな機能を付加できる．Botnet は単なる好奇心だけで使われているものではない．Botnet で攻撃をしかけたり大量のメールを送ることがビジネスになっている．例えば，大量の広告メールを送りたい事業者は，Botnet の所有者である Herder と契約する．Botnet プラットフォームから大量の電子メールを送り，Herder は対価を受け取る．このような Botnet プラットフォームを売るべくインターネット上で密かに宣伝活動をしている．

　Botnet に対抗する有力な手段はまだない．利用者が PC にある脆弱性を放置せず常に更新していればゾンビとなる PC を減らすことができる．利用者のセキュリティ意識を向上させることが，Botnet に使われる PC を減らす早道である．

10.5　迷惑メール（spam）

　インターネットでメールを使い始めて時間が経過すると，自分のメールアドレスを教えたはずのない人や団体から広告・勧誘メールが届くことがある．1 日に数通のメールであれば無視できるが，数が増えてくればこれほどうとましいものはない．このように希望しないのに大量に配送されるメールを**迷惑メール**または**スパム**（spam）と呼ぶ．

迷惑を被っているのは利用者だけではない．プロバイダも被害を受ける．現在送受されているメールのうち半数近くはスパムだといわれている．仮にプロバイダが設置しているメール転送用サーバの能力の半分はスパムで使われるとすると，電子メールサービスにかかるコストが倍になっていると考えられる．

　スパムを送信する側は，郵便などで送付するダイレクトメールに比べて，送付コストがはるかに安くてすむ．受信する利用者からメールで返事が返ってくる必要はなく，メールに記載されたリンクから自分の Web サーバにアクセスしてもらえばよい．このため，送信元のメールアドレスが詐称してあっても送信者にとっては全く問題にならない．かえって苦情メールが来ないだけ好都合である．また，スパムの送信者にとっては「下手な鉄砲も数撃

ちゃ当たる」ものであるから，大量に送信して少しでも Web にアクセスしてもらえれば最終的に利益につながる．スパムは非常に低コストな広告宣伝手段なのである．利益があるうちはスパムの送信者がやめることは期待できない．

スパムを減らすことがプロバイダにとって急務である．しかし，決め手になる対策がない．これまでもスパムを減らす対策が少しずつ行われていた．例えば，メール転送サーバが任意のメール送信を受け付けて転送してしまう（**オープンリレー**）機能を禁止する方法がある．オープンリレーしているサーバを**ブラックリスト**（ORBL：open relay black-list）に登録して，メールを受け取る際に相手のサーバがブラックリストに載っているかどうか確認する．もし載っていたらそのサーバからのメールは受け取らない．別の技法もある．これまでメールが送られてきたことのないサーバからの接続はいったん拒否（reject）し，そのあとに再送してきたら受け付ける．これは**グレイリスティング**（greylisting）と呼ばれる手法である．この手法は，Botnet などで利用者 PC に立ち上げた簡易なメール転送サーバに有効である．これらは簡易な送り込み機能だけでメール再送機能を持たないからである．

これらに加えて，いま進められているおもな対策は次のとおりである．

- 大量のあて先へのメールへの送信を制限する．
- 送信者ドメインの認証の仕組みを導入する．
- 一般利用者からのメール送信の仕組みを改善する．

最初の対策は，プロバイダのメール転送サーバにおいて，図 10.3 のように一度に大量メールを遮断する設定を導入することである．スパムの送信者は一度に大量のあて先にメールを送ろうとする．これをプロバイダのメール転送サーバで防止する対策である．ある程度の効果があるものの，スパムの送信者がメール送出間隔を調整すれば一度に大量の送信パ

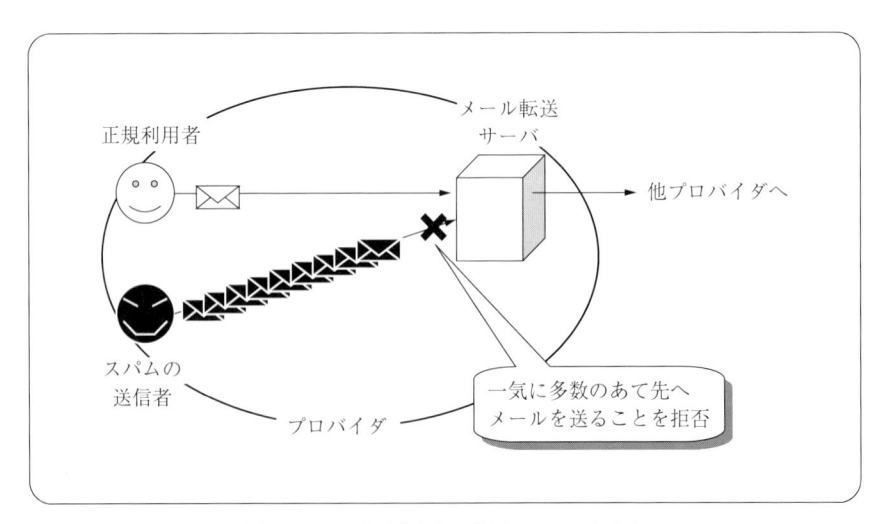

図 10.3 スパム防止策（大量メールの遮断）

ターンにならず，対策の効果が薄れてしまう．

次の対策法は，正規のメール利用者がプロバイダ経由でメールを送信するときには，ドメイン名の認証情報を付加する方法である（**SPF** または **DKIM**（domain keys identified mail））．スパムの送信者が他人のドメイン名をかたって送信しても，正規の利用者のメールにはプロバイダの転送サーバなどで認証情報を付加するので，正規のドメイン利用者かどうかの区別ができる．プロバイダのメールサーバでは，メールの受信側で，そのドメイン名認証情報を判定してメールを受け取るかどうか決定することができる（図 10.4）．

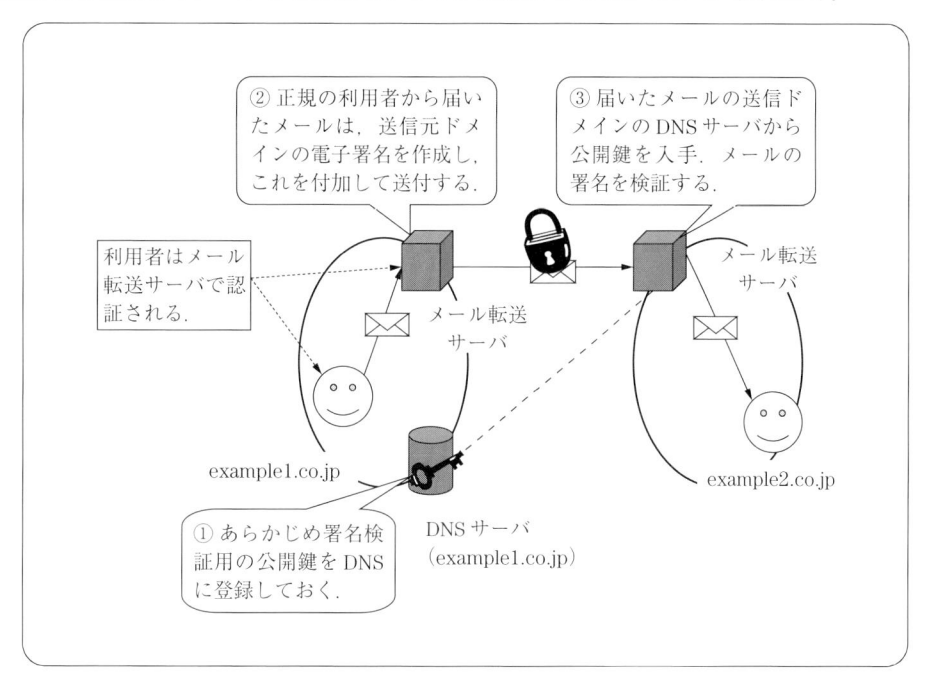

図 10.4 送信ドメイン認証の一例（DKIM）

もう一つの対策は，**OP25B**（outbound port 25 blocking）である．一般利用者からのメール送信は SMTP の 25 番ポートを用いていることが多い．また，前述のように，プロバイダのメール転送サーバは，自社の IP アドレス以外からもメールを受け付けるよう設定されていることが多い（図 10.5(a)）．このため，自社から他プロバイダへ出て行くルータで 25 番ポートをフィルタし，自社以外のメール転送サーバへアクセスできないようにする．更にメール転送サーバでも，一般利用者の IP アドレスからの 25 番ポートによるアクセスを受け付けないようにする．プロバイダのメール転送サーバの 25 番ポートは，他プロバイダなどの既知で信頼できるメール転送サーバとの通信のみで使う．一般利用者のメール転送にあたって，25 番ポートに代えて送信専用ポート（submission port＝587 番）を使い，更に利用者を認証するため SMTP 認証も行う（図(b)）．最近のスパムの発信源は，Botnet として組織化されている一般利用者の PC を用いているため，この方法はある程度の効果が

120　10. セキュリティ

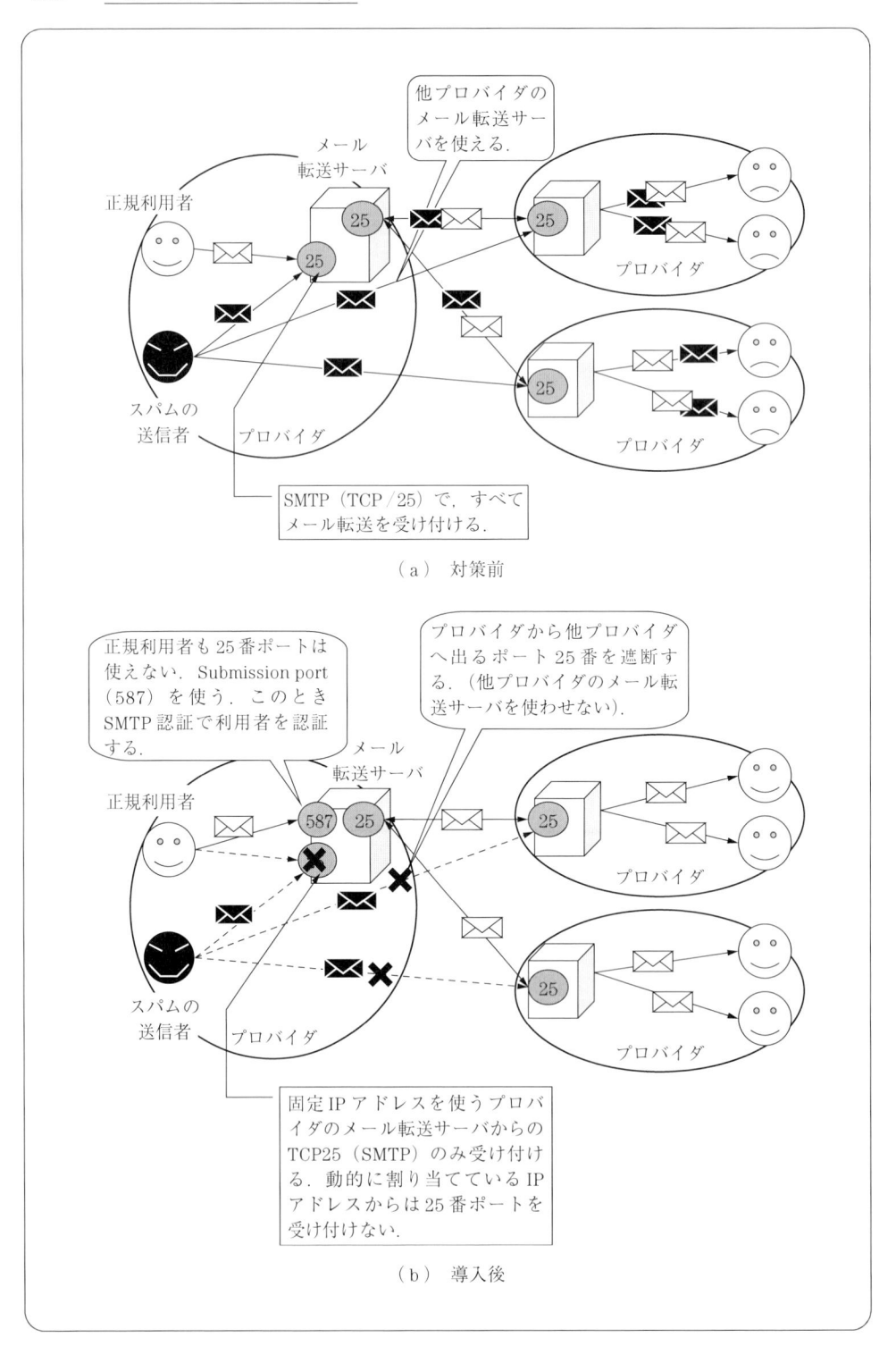

図 10.5　OP25B とサブミッションポートの使用

ある.

これらの対策も,それぞれ次の問題点がある.
- スパムの送信者がメール送出間隔を工夫すれば一般のメールと判別が困難となる.
- 正規のメール利用者のPCを乗っ取り正規の利用者としてメールを送信されると,判別が困難となる.(ただし,その正規利用者に注意と除去を依頼する契機にはなる).

現在でも,スパムの送信者との知恵比べが続いている.

10.6 サービス妨害攻撃（DoS攻撃）

インターネット上で情報提供やサービス提供を行っているサイトのネットワーク機器（サーバなど）に対して,そのサービスが提供できない状態にしてしまう攻撃がある.これが**サービス妨害攻撃**（**DoS攻撃**, denial of service attack）である.攻撃元が1か所の場合と,複数の場所から攻撃される場合を区別して,前者をDoS攻撃,後者を**DDoS攻撃**（distributed denial of service attack）と呼ぶ.

また,サービスを妨害するやり方は,次の二つがある.
① サーバに大量の接続要求を出して,サーバのメモリなどの資源を使い切らせて,そのサーバが利用者にサービス提供できなくする方法
② サーバが接続している回線部分に大量のパケットを送りつけて,回線の帯域を占有し,そのサーバが処理すべき正常なパケットが届かないようにする方法

①の具体的な方法として,**SYN flood攻撃**がある.7.1節で述べたようにコネクション形の通信はTCPで行われる.TCPにより相手コンピュータと接続するときは,最初にTCP SYNパケットを送信し,相手側の確認と相手側からの接続要求であるTCP SYN/ACKパケットを受け取り,相手側接続要求への確認であるTCP ACKを返して接続を確立する（図7.1(a)の3-wayハンドシェイク）.最初にSYNパケットを受け取ったときに,相手コンピュータはTCP接続を確立する準備をしてSYN/ACKを返す.準備には当然メモリを割り当てるなどコンピュータの資源を消費する.

図10.6のように,標的サーバにSYNパケットだけを大量に送信して最後のACKを返さなければ,標的サーバはTCP接続要求を処理しきれないだけでなく,3-wayハンドシェイクのACKパケットをしばらく待ち続ける間に必要な情報をメモリに保持しておくことに

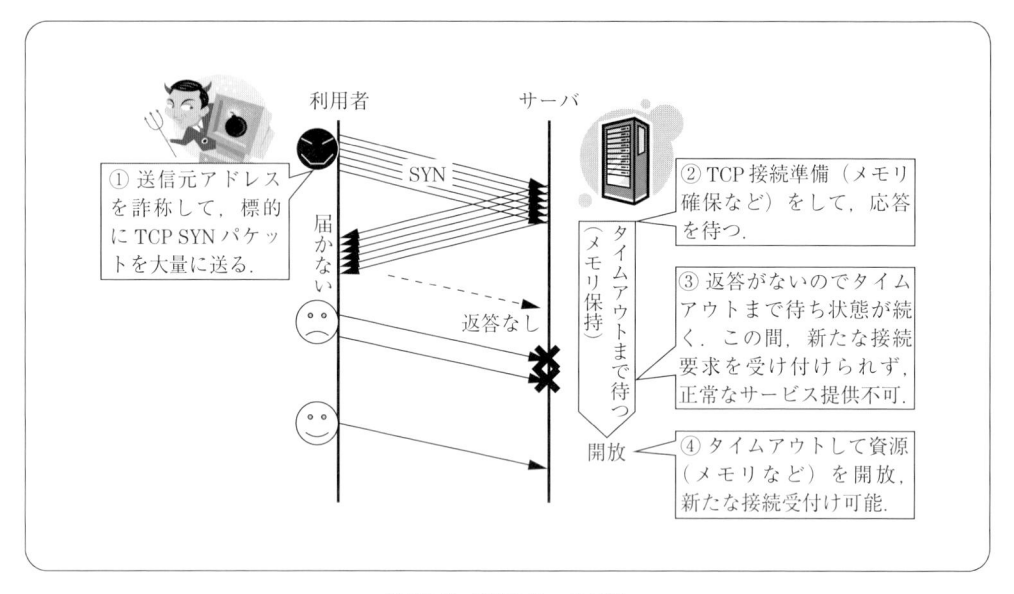

図10.6 SYN flood 攻撃

図中の説明:
- ① 送信元アドレスを詐称して，標的に TCP SYN パケットを大量に送る．
- ② TCP 接続準備（メモリ確保など）をして，応答を待つ．
- ③ 返答がないのでタイムアウトまで待ち状態が続く．この間，新たな接続要求を受け付けられず，正常なサービス提供不可．
- ④ タイムアウトして資源（メモリなど）を開放．新たな接続受付け可能．

利用者／サーバ，SYN，届かない，返答なし，タイムアウトまで待つ（メモリ保持），開放

なり，資源の浪費のために正常なサービスを提供できなくなってしまう．

②のように大量のパケットを送りつける方法は，かつてはサーバ側の回線の帯域が個人利用者に比べてはるかに広かったため，回線を埋めつくすトラヒック量を個人では発生できなかった．しかし，最近のブロードバンド化によって個人利用者が複数集まれば大量のトラヒックを容易に発生できるようになった．また，Botnet のような仕組みを用いれば，利用者に気付かれないようにゾンビ PC 化して，一斉に DDoS 攻撃に参加させることもできる．

攻撃の効果を増すためには，一つのパケットに対して複数のパケットが返る仕組みや，一つのパケットに対してサイズの大きなパケットが返る仕組みを悪用して DDoS 攻撃を行う手法がある．前者の例として **Smurfing 攻撃**，後者の例として **DNS 増幅攻撃**（DNS amp attack）がある．

Smurfing 攻撃は，図 10.7 のように，icmp による機器の生死確認を悪用する．送信元を標的サーバのアドレスに詐称した icmp echo request パケットを送信する．あて先はあるサブネットのブロードキャストアドレスとする．サブネットに接続している PC は，そのブロードキャストアドレスを受け取ると送信元（この場合は詐称されている）に icmp echo reply を返す．この icmp パケットが標的となるサーバに向けて送信される．サブネットに 50 台の PC が接続されていると，一つの icmp パケットが 50 個の icmp パケットを生じる．これによりサーバの回線を混雑させたり，標的サーバの処理負荷を上げることができる．

次に，DNS 増幅攻撃を簡単に説明する．DNS には自分が管理するドメインの情報（ドメインやホスト名に対する IP アドレスの情報）を持つ，DNS 権威サーバ（authoritative

10.6 サービス妨害攻撃（DoS 攻撃）

- 送信元アドレスを標的の IP アドレスとする．
- ブロードキャストアドレスに向けて icmp を送信する．

- 1 個の icmp echo request パケットが複数の icmp echo request パケットと増幅されて，標的へ向かう．

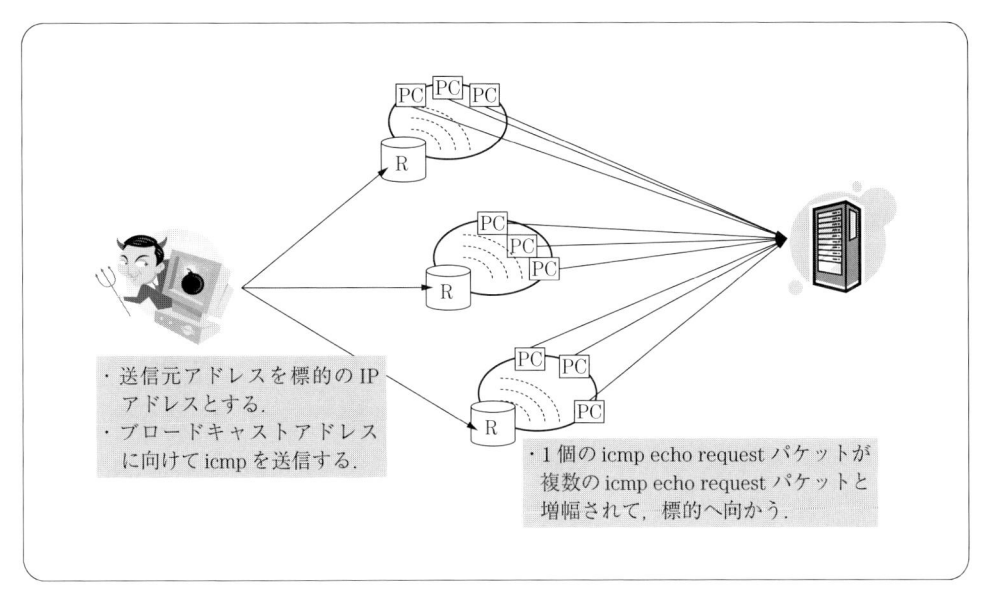

図 10.7　Smurfing 攻撃

server）と，クライアントからの問合せを受けて DNS 権威サーバに再帰的に問合せを行って，クライアントに回答するとともに，あとの問合せに用いるため DNS レコードの内容を保持している DNS キャッシュサーバがある．

攻撃者は，あらかじめ多くの情報量が返ってくる DNS 権威サーバを見つけておくか，多くの情報を返す DNS 権威サーバを作っておく．その情報が回答となるような DNS 問合せパケットを，送信元を標的サーバのアドレスに詐称して，**図 10.8** のように，DNS キャッシュサーバに向けて送信する．DNS キャッシュサーバは DNS 権威サーバから取得した情報量が多い（すなわちパケットサイズの大きい）回答を，標的サーバに送信する．これを多数の DNS キャッシュサーバで行えば，大量のパケットが標的サーバに送信され，サーバの回線の帯域を埋めつくすことができる．

Smurfing 攻撃の対策には，外部から来るブロードキャストアドレス向けの icmp パケットを廃棄する設定をルータに行う．また，攻撃側にならないために，送信元アドレスの詐称を防ぐことが重要である．

DNS 増幅攻撃の対策には，DNS キャッシュサーバでインターネット全体からの問合せを許すのではなく，自分のネットワークからの問合せだけを許す設定にする．また，Smurfing 攻撃と同様に送信元アドレスの詐称を防ぐことが重要である．これらの DDoS 攻撃には，どのように対応すべきであろうか．次の 2 段階で考える必要がある．

① DDoS 攻撃を検知する．
② DDoS 攻撃に対処する．

124　10. セキュリティ

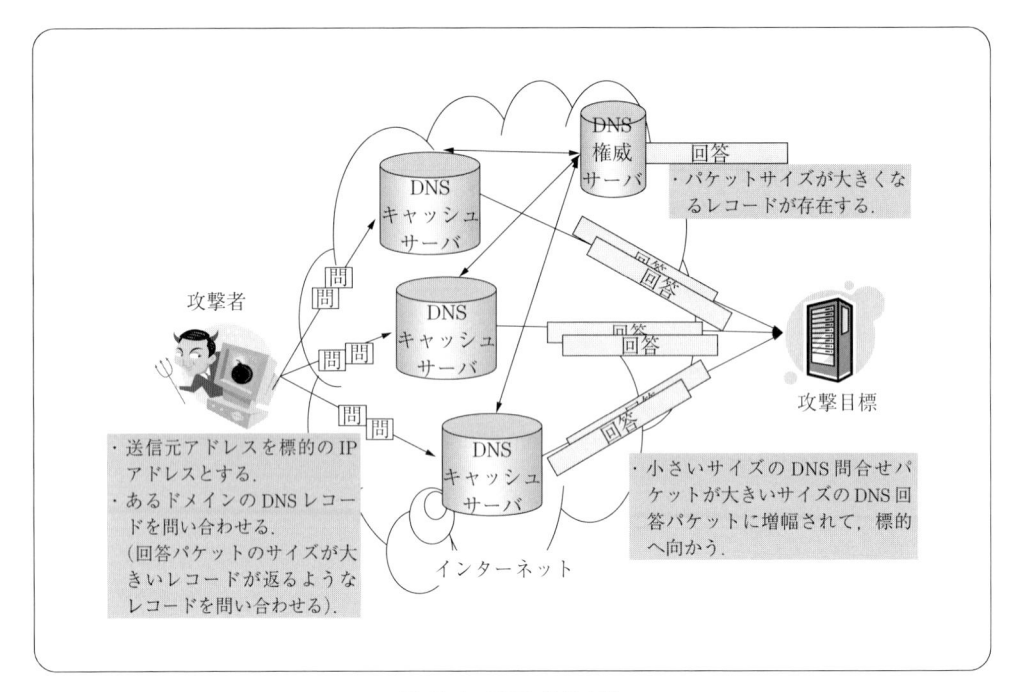

図 10.8　DNS 増幅攻撃

① DDoS の検知は，ルータでのトラヒック量監視，NetFlow や sFlow などのフロー情報監視，ファイアウォールや侵入検知システムでのパケット監視で行う．

利用者側では，プロバイダとの接続ルータにおいてプロバイダへの接続回線のトラヒック量を監視する．通常のトラヒック量変動と異なるところがあれば，何が原因でその事象が発生しているかを確認する．ファイアウォールや IDS では，例えば SYN パケットだけが異常に多いことや，DNS（UDP）パケットが異常に多いことなどを検知させる．また，サーバ自体でもサーバ CPU 使用率やログなどをチェックし，普段と比較して急激に変化している現象がないかを監視する．普段と違う状態を検知したら，その原因が何かを探る．場合によってはサーバに掲載したコンテンツが人気でアクセスが増加しているのかもしれない（flash crowd）．flash crowd と DDoS 攻撃はネットワークに発生する事象だけでは区別がつきにくい．そのような特別な人気コンテンツがなく，また特に他の Web サイトや Blog などで紹介されたのでなければ，DDoS 攻撃と考える．

プロバイダ側では，通信の秘密を守る観点からも，また，取り扱うトラヒックが大量となることからも，個々のパケットを監視する手法は採用しづらい．そのため対策はおもにトラヒック量やフロー情報の監視にならざるを得ない．トラヒック量は，ルータにおいてインタフェースのカウンタ値から毎秒のパケット数，毎秒のバイト数，誤り率などを見る．また，フロー情報は，ルータが出力する NetFlow や sFlow をもとに，どこからどこへ（ルータ

間，POP間，AS間）どれくらいトラヒックが流れているかを図10.9のように監視する．フロー情報は，現在のルータ実装ではパケットをサンプリングして収集している．これを用いて，ネットワークすべての情報を見るのではなく巨視的にトラヒックの流れを見る．10 Gbpsのリンクの中でわずか10 Mbpsの攻撃を見つけるのは難しいが，フロー情報からアプリケーションごとのトラヒック変動をみて，少し細かいレベルでDDoS攻撃かどうか判別できる．

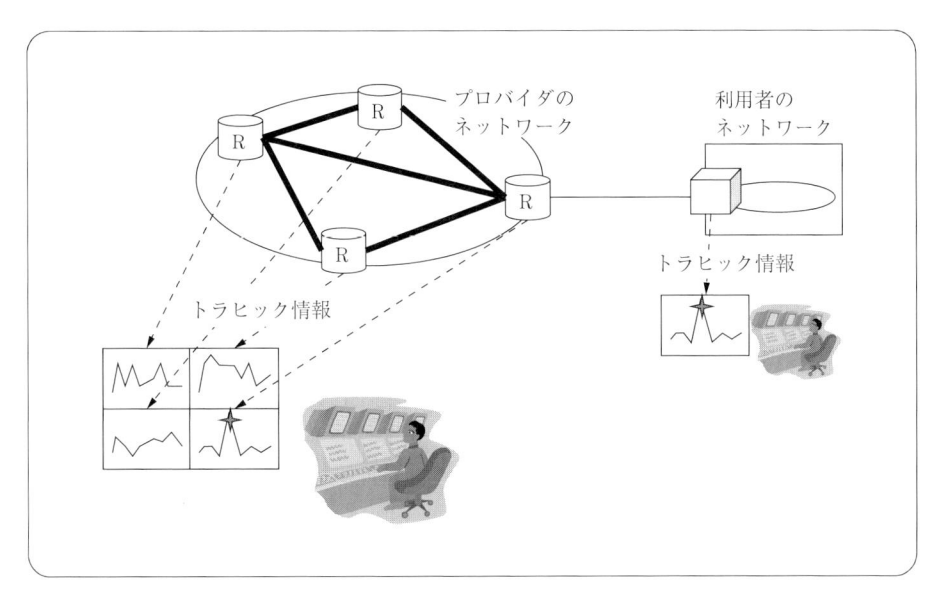

図10.9 ネットワークの異常監視

　DDoS検知は，他のトラヒックが混じっていない利用者側で行うと，自分自身の内情も分かるため，プロバイダ側で対策を講じるよりも効率がよい．ただし，「制御」する方法に関しては利用者側では手段が限られるため，プロバイダ側と連携する必要がある．

　②　DDoS攻撃を制御する場所は，プロバイダ側の方が望ましい．その理由は，被害を受けている利用者のインターネット接続回線が攻撃パケットによって埋めつくされている状況では，被害者側では対策が立てにくい．プロバイダ側で攻撃パケットに対処して接続回線を使えるようにしないと意味がない．そのためには攻撃用パケットを攻撃の種類に合わせてうまく取り除くことが必要である．とりうる対処法としては次の二つがある．

　②-1　ルータでフィルタをかける．
　②-2　不要なパケットの除去装置（攻撃緩和装置）を通す．

　攻撃パケットが正規のパケットと明確に区別がつくのであれば，プロバイダ側のルータなどでパケットフィルタを設定して攻撃パケットを廃棄する．理想的には，悪意ある攻撃パケットだけ廃棄して正規のパケットは廃棄しないこと，すなわち正当に利用しようとする接

続要求はきちんと通すことが重要である．

フィルタを設定するルータには，被害を受けているサーバの直前のルータやプロバイダ内の適切なルータを選ぶ．図 **10.10**（a）のように，フィルタリングによるルータの負荷の増

（a） フィルタによる攻撃パケットの廃棄

（b） 攻撃パケットの除去装置

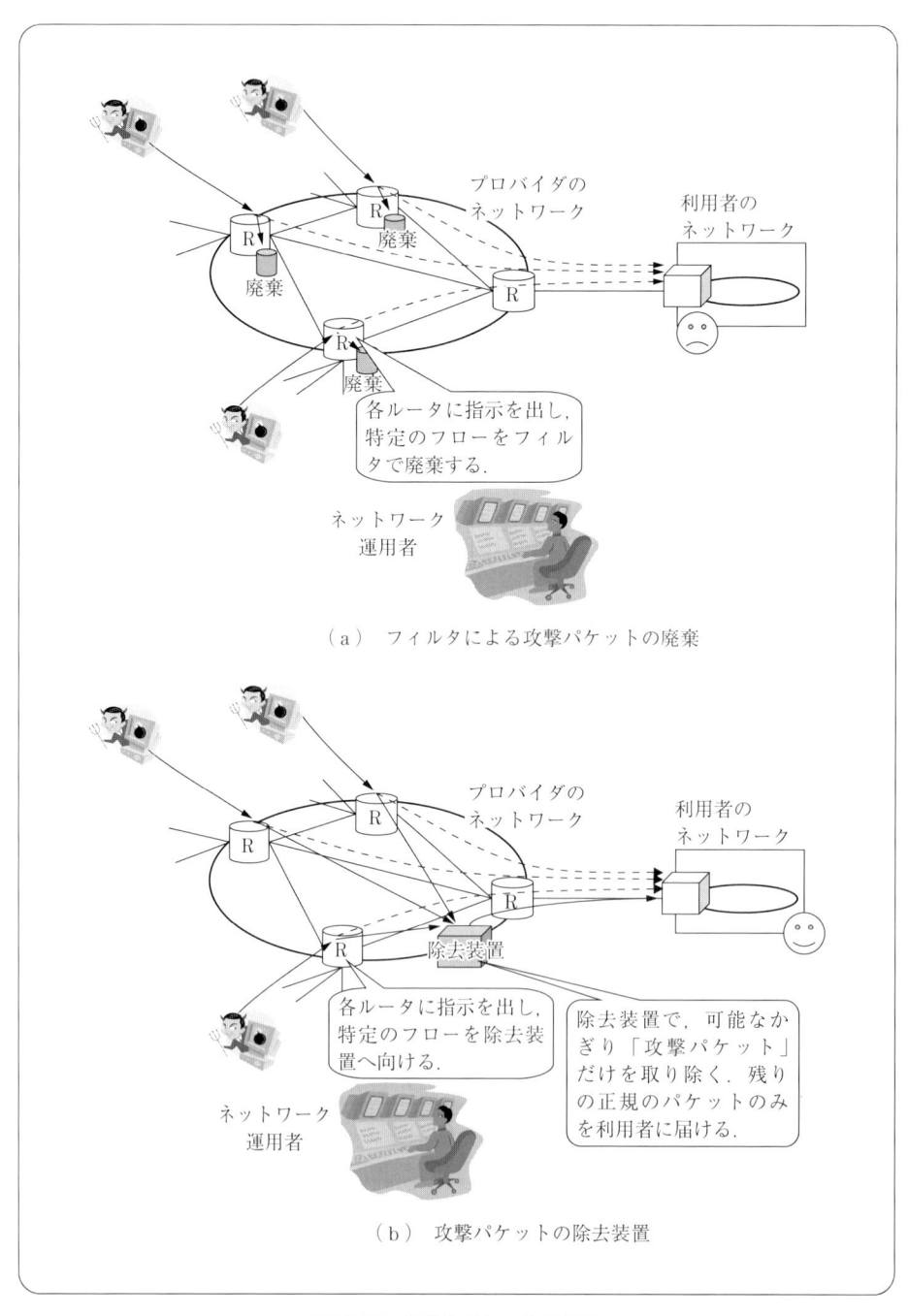

図 10.10 異常トラヒックの制御

大，複数ルータへの設定の手間，プロバイダ内のリンクの帯域圧迫度合いなどを勘案して，設定すべきルータを選ぶ．また，攻撃緩和装置に標的サーバ行きのトラヒックを通して，正規のパケットと攻撃パケットを峻別して攻撃パケットだけを除去することもある．

　攻撃パケットの中には正規のパケットとそうでないものが明確に区別がつけられず，単なるフィルタでは除去できないものも多い．例えば，SYN flood 攻撃の場合には，TCP の接続要求（SYN）パケットは正規のものと区別がしづらい．明確な違いがないときにはむやみにパケットを廃棄してしまうと，正規の TCP の接続要求も廃棄してしまう可能性がある．攻撃緩和装置は，パケットの内容までチェックしながら統計的解析を加えて正規か攻撃かを区別して，攻撃パケットを取り除く．

　プロバイダのネットワーク内では，攻撃検知装置と攻撃緩和装置を配置する．攻撃検知装置からの警報や，利用者からの通知により DDoS 攻撃を検知すると，プロバイダの運用者はどんな種類の攻撃か，その攻撃がどこからどこへ向かっているかを情報収集しながら判定する．その攻撃内容に応じて，標的サーバ行きトラヒックの経路を変更し，攻撃緩和装置に向けて流れるようにする．攻撃緩和装置において攻撃パケットを除去したあとは，図(b)のように正規のパケット群を標的サーバに送信する．このときプロバイダ内で経路の矛盾が起きないよう，正規のパケット群はトンネルを用いて標的サーバ直前まで送られる．

　最近では Botnet による DDoS 攻撃が増えている．プロバイダで流れてきたパケット群を止めるだけでなく，Botnet の制御チャネルを使用不能にして DDoS 攻撃を元から断つ方法が考えられている．しかし，制御チャネルを捕捉し制御することはかなり困難が伴う課題である．DDoS 対策への決め手は難しいが，今後も継続して対策を検討する必要がある．

10.7　セキュリティ対策

　セキュリティ上の脅威に対して，すべて完璧に対応できる対策はない．しかし，ネットワーク上での対策，コンピュータ上での対策，そしてセキュリティ意識の向上により，脅威に会う機会を減らすことができる．ここでは，ネットワーク上の対策，コンピュータ上の対策，そして利用者としての人間への対策について説明する．

10.7.1　ネットワーク上の対策

ネットワークにおける対策としては，**ファイアウォール**や**侵入検知システム・侵入防御システム**がある．

〔1〕**ファイアウォール**　インターネットはさまざまな通信の基盤となっている．このために，できる限りIPパケットの送信を妨げない構成になっている．フィルタによる制限も必要最小限のものに限られている．その結果として，攻撃や侵入を試みるパケットであっても通してしまうことが多い．一方で，インターネットを利用する立場からは，そのようなパケットが自分のネットワークに入ってきては困る．そこで利用者側はインターネットとの接続点において通すべきパケットとそうでないものを区別しなければならない．人間の社会でも街にはよい人も悪い人も歩いているが，自分の家は門や扉に施錠し，自分に関係ある人だけしか通さないのと同じである．この門の部分に置くのがファイアウォールである．

個人宅のネットワークでは，図10.11(a)のようにブロードバンドルータがファイアウォールの役目を果たしている．また，PCを直接インターネットに接続する場合もある．例えば，ブロードバンドルータを介さずに直接ADSLなどのブロードバンド回線に接続する場合，街中の無線LANに接続する場合，あるいはダイヤルアップで接続する場合は，PC自身にファイアウォール機能が必要となる．最近のPCはファイアウォール機能を備えているものが多い．企業のネットワークでは，図(b)のようにインターネットと自社ネットワークの境界点にファイアウォールを設置する．

ファイアウォールはネットワークを次の3種類に分けて接続する（図(b)）．

① **外部ネットワーク**　インターネット側．信用度は低いと考えられる．外部ネットワークから内部ネットワークへの通信は認められない（内部ネットワーク発の接続に対するパケットは通す）．

② **内部ネットワーク**　社内ネットワーク側．外部ネットワークから直接アクセスさせない．内部ネットワークから外部ネットワークへの通信は許可する．サービスによっては，DMZに設置したサーバにアクセスし，そのサーバに中継してもらうケースもある．

③ **緩衝地帯**　外部ネットワークに必要なサーバ用のネットワーク．外部向けのDNSサーバ，メール中継サーバ，情報提供サーバ（Webサーバ）を設置する．外部から限られたサービスにだけアクセスできるようにする．緩衝地帯（DMZ：de-militarized zone）に設置したサーバには外部から侵入されることを想定して，緩衝地帯のサーバから内部ネットワークへのアクセスは基本的に禁止する．

ファイアウォールでは，次のような各層のレベルでネットワークの脅威を防止する．

● **パケットレベル**　アクセスリストを用いて，どこからどこあてのどのようなサービ

10.7 セキュリティ対策　**129**

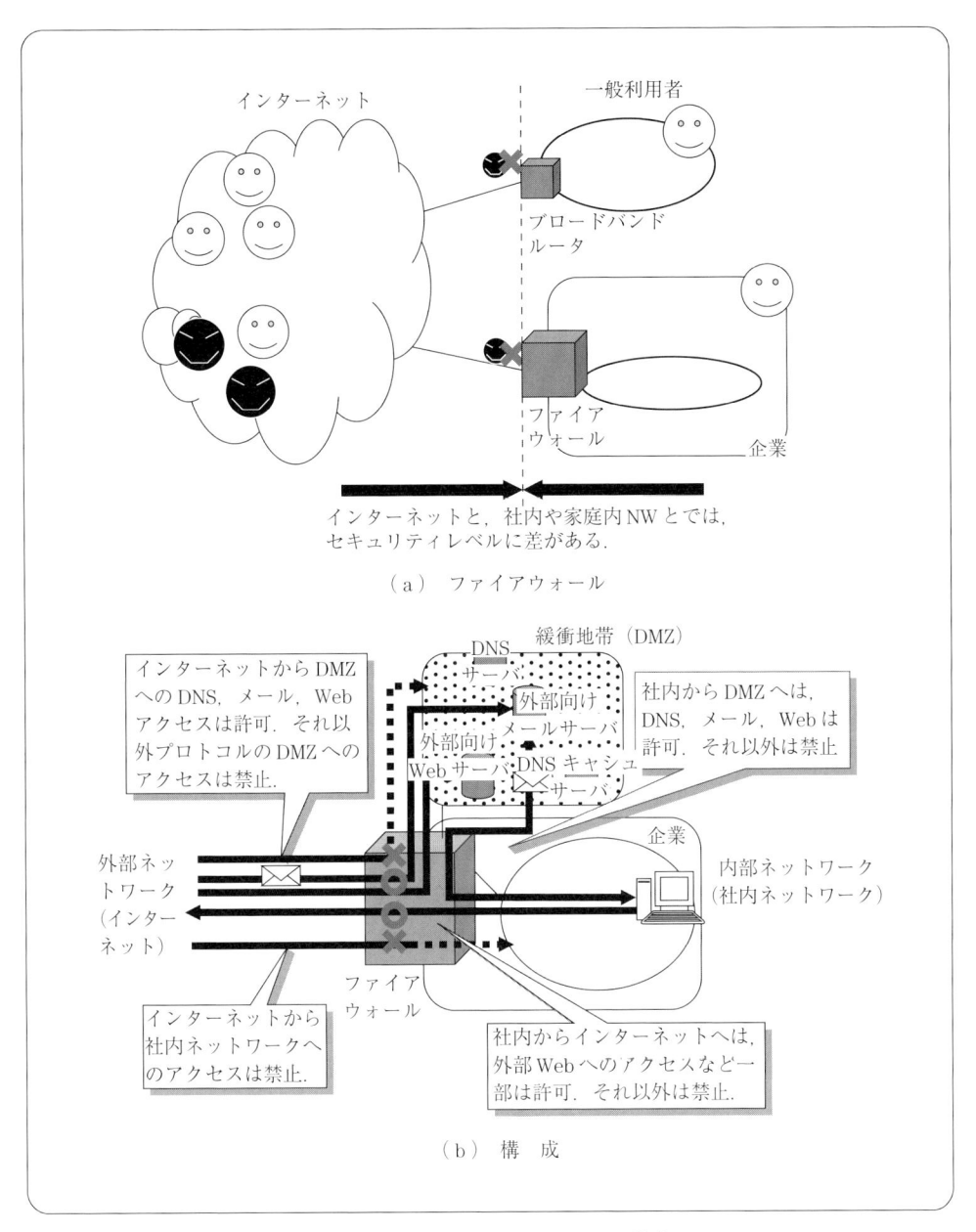

（a）ファイアウォール

（b）構　成

図 10.11　ファイアウォールとその構成

スの通信を通す/通さないを決める．なお，通信内容に応じて動的にアクセスリストを設定可能なファイアウォールもある．例えば，内部ネットワークから外部にある Web サーバにアクセスするときに，内部の PC から開始した接続で使われる IP アドレス・ポート番号のみを通すようアクセスリストを設定する．この接続が終了した場合は，そのアクセスリストを修正してその接続が通らないようフィルタを直す．

- **アプリケーションレベル**　アプリケーション特有の振舞いや通信内容をチェックすることで不正な通信を防ぐ．例えば，内部ネットワークにある PC からインターネット上にある FTP（ファイル転送プロトコル）サーバにアクセスしたとする．FTP では最初に制御用の通信路を設定する（あて先ポート 21 番）．その制御用通信路経由で FTP サーバのディレクトリを確認し，あるファイルを転送することに決める．すると通信している FTP サーバの方からあて先ポート番号 20 でその PC に接続しようとする．このとき，制御用通信路をモニタしているファイアウォールは，外部からの接続を受け入れて PC に接続しようとする．このようにアプリケーションごとの振舞いに沿って動的にパケットを通すかどうか決められるようになっている．

〔2〕**侵入検知システム・侵入防御システム**　**侵入検知システム**（IDS：intruder detection system）は，インターネットに接続した企業や個人のネットワークに侵入あるいは攻撃しようとしている兆候を見つけ出すシステムである．また，**侵入防御システム**（IPS：intruder protection system）は，見つけた兆候に応じて不正な攻撃を遮断する機能をもつシステムである．最近のファイアウォールは IDS/IPS 機能を持ち合わせているものもある．ここでファイアウォールと IDS/IPS の違いを考察してみる．

　ファイアウォールはパケットフィルタリングの設定やアプリケーションごとの振舞いに応じて外部からの不正な通信を遮断する．しかし，DMZ に置かれたサービス提供用サーバに対して，正常な通信を装って内部に侵入しようと試みている場合には，ファイアウォールでは防御できない．IDS はファイアウォールで許可したサービスの通信をパケットの中身まで監視し，不正侵入の可能性を探すものである．不正侵入の典型的なパターンとなる文字列を「シグネチャ」として保持しており，通信の中身がそのパターンと一致するかどうかを判断する．IDS は，外部から見えない形で設置することが多い．つまり IP アドレスを持たず，スイッチングハブなどでミラーリング（コピー）したパケットを監視する．このため IDS が設置されているかどうかは不正侵入者には分からない．IPS は IDS で持っている検知機能で判明した侵入を，自らパケット廃棄したり，ファイアウォールと連動して食い止める機能を提供する．

10.7.2　コンピュータへの対策

　ネットワークで侵入を監視していても，正当に送受信される電子メールの中にウィルスが入っていたり，メッセージに書かれたリンクが悪意ある Web サーバの場合には，ネットワークだけでの監視は無力である．そのため，ネットワークでの対策だけでなく，インターネットに直接・間接に接続するコンピュータでもセキュリティ対策を施す必要がある．コン

ピュータへの対策としては，**悪意あるソフトウェア（マルウェア）** の検出・駆除ソフト利用，OS や PC の脆弱性（セキュリティホール）修正がある．

電子メールに添付されて送られるウィルスや，Web サーバからダウンロードしたファイルに埋め込まれたウィルスは，ファイアウォールや IDS で検出できないこともある．通常の添付ファイルやダウンロードしたファイルと同様に，利用者のコンピュータには簡単に取り込まれてしまう．このようなファイルを開くと，埋め込まれていたウィルスが PC に感染し，以後さまざまな悪事をはたらくこととなる．

マルウェア検知ソフトは，ウィルス，ワーム，スパイウェアなどの各種マルウェアを識別するためのパターンを持っている．対象となるファイルを走査してマルウェアが含まれていないかを確認するソフトウェアである．受け取ったファイルを開く前に，この検知ソフトでファイルをチェックするとウィルスなどを含むファイルであれば警告してくれる．また，場合によってはそのウィルスなどを除去してくれる．現在，スパムが非常に多くなっているが，その中にウィルス付きのメールも増えている．メール送受信時にメッセージにマルウェアが含まれていないかどうかをチェックしてくれる機能もある．セキュリティの脅威から自分の PC を守るためには，マルウェア検知ソフトは必須である．

また，そのようなマルウェアは，コンピュータの脆弱性を利用して管理者権限を得ようとしているものも多い．OS やアプリケーションは非常に複雑なソフトウェアである．バグがないソフトウェアを作ることは非常に難しい．セキュリティ上の脆弱性があとから判明することも多い．PC や OS ベンダは，必要に応じて脆弱性を解消する更新ソフトウェア（アップデータ）を提供している．これを迅速に適用し，コンピュータ上に既知の脆弱性がないようにすることが大切である．

10.7.3 利用者のセキュリティ意識の向上

いかにネットワークやコンピュータにセキュリティ脅威を防ぐ仕掛けを入れていても，それを利用する人間の意識が低ければそれらの対策は役に立たない．その意味で，結局は利用者の意識が最も重要となる．

- 日々更新されるマルウェア検知パターンを，迅速に取り込む．
- 脆弱性情報に従い，ソフトを更新するなどの処置を迅速に行う．
- 怪しいメールは開かない．怪しい添付ファイルや怪しいリンクはクリックしない．
- これから開くサイトが偽物ではないか常に確認を怠らない．
- 怪しいサイトへアクセスしない．個人情報を安易に入力しない．
- 自分のコンピュータで，不要なサービスやプログラムを立ち上げておかない．

日本のインターネット利用者の中で，ウィルスに感染しBotnetに組み込まれているPCは全体の約2%程度といわれている[13]．セキュリティの脅威が叫ばれても，それに対する意識が低く，最低限の対策をも実行していない利用者が現実に存在している．本人がそのコンピュータを使う上では問題にはならないが，Botnetの一員としてスパムを発したり，他のコンピュータへ攻撃を仕掛けるなど迷惑行為に加担していることになる．

企業のネットワーク管理者は更に次の点にも気を配るべきである．

- ファイアウォールや外部向けサーバなどでは必要最小限のサービスのみ動かす．
- ファイアウォールを初めとするネットワーク機器やサーバのログに常に注意する．
- ネットワーク機器やサーバの脆弱性情報を知ったら迅速に対応策を講ずる．

安心・安全にインターネットを使うためには，利用者の一人ひとりがセキュリティ意識を高めることが必要である．本書の巻末の付録「インターネットのルールとマナー」にはセキュリティに関する記述が含まれている．

本章のまとめ

❶ インターネットはもともと性善説で作られた．そのため悪意ある者からの攻撃に対して弱いところがある．

❷ セキュリティ上の脅威として，スパム，サービス妨害，情報漏えいなどさまざまな脅威がある．これらの脅威に対し，インターネットにかかわる人々は協力して対策を打っているが完全に撲滅するのは難しい．

❸ これからもインターネットの良さを生かし，かつ安心・安全にインターネットを使うためには，利用者一人ひとりがセキュリティ意識を高めることが必要である．

●理解度の確認●

問10.1 送信元のIPアドレスを詐称できるためにサービス妨害攻撃が容易になっている一面があるが，送信元のIPアドレスを詐称した通信を許さないために，プロバイダはどうすればよいか．

問10.2 DNS増幅攻撃で，1 Gbpsのインタフェースをもつサーバにサービス妨害攻撃をかける場合を考える．DNS問合せパケットは60バイト，その回答パケットは3 600バイトとする．さて，攻撃元を1台とすると攻撃元はどれくらいの帯域が必要になるか．また，Botnetを使い，ゾンビPCの利用者に気づかれないようそれぞれ10 Kbpsのトラヒックで攻撃するとした場合，何台のゾンビPCが必要か．

11 国際的な協調

　既に8章においてインターネットの管理と運営の概要を述べた．本章では，国際的な協調に意味があることを確認する．そもそもネットワークにおいては通信の相手が必要である．その相手が遠く離れている方が通信の意義がある．インターネットという用語は，ネットワークのネットワークという意味である．相互に接続されたネットワークが，いかに力を発揮するか，既にインターネットの歴史が成果を雄弁に物語っている．

　本章では標準化（スタンダード）の意味を再度考える．また，インターネットのガバナンス（governance）の議論にも注目する．

11.1 国際的なインターネット

　1章では，インターネットの歴史とTCP/IPの普及について述べた．ここでは国際的な展開に注目してみよう．インターネットの原型は**ARPA**ネットにあるが，1969年のARPAネットはプロトコルがNCPであって，こんにちのインターネットのプロトコルTCP/IPとは異なる．TCP/IPは1970年代から研究されていたが，実際にARPAネットに使われるのは1983年のことである．

　ここで注目すべき事実がある．1990年に運用を停止するまで，ARPAネットは米国の国外をカバーしていないことである．より細かく見ると，唯一英国だけが当時のNATOの関係といわれているが，米国外のARPAネットの接続を持っていた．ただし，ARPAネットを補完するネットワークとして**NSF**（全米科学財団）の支援を受けて**CSNET**というネットワークが運用されていた．CSNETは国際接続を行っていた．

　ARPAネットの名前の由来になっているARPAという機関は，米国国防総省の一部門である．つまりARPAネットは軍事的な背景のもとに誕生している．1990年というのは，ちょうど冷戦が終わるかどうかという時代である．当時は，ハイテク製品を共産主義の国へ輸出することができないという統制があった†．筆者が覚えている例でも，1980年代の初めごろにイーサネットのトランシーバ（3 Mbpsのイーサネット）が，輸出規制の対象であるといわれた時期があった．現在では想像できないくらいに厳しい管理である．

　インターネットの技術に関しても，米国の国内で二つの意見があったといわれている．一つは，米国中心主義あるいは愛国主義といってもよい．インターネットは米国の重要な技術であり，他の国に使わせない方がよいと考えた．他方は国際主義である．インターネットを世界に広めれば，そもそもインターネットは米国にしかない技術であるから，米国が優位となる．米国の産業のためにもよい．結局，米国が選択したのは後者である．つまり国際的にインターネットをオープンし，標準を米国が押さえる．この国際派の選択は，その後の歴史を見ると正しかったようである．

---

† 対共産圏輸出統制委員会（COCOM：Coordinating Committee for Export to Communist Countries）による統制であり，COCOMは1994年にその使命を終え，これに代わって現在では新国際輸出管理機構（Wassenaar Arrangement，ワッセナー協約）がその任務に当たっている．

11.2 標準化を推進するおもな組織

インターネットは，一つのメーカの製品だけで構成されるものではない．それだけにプロトコルの標準化が肝要である．インターネットの標準化を推進する団体は，図11.1に示すようにいくつか存在し，それぞれの役割がある．

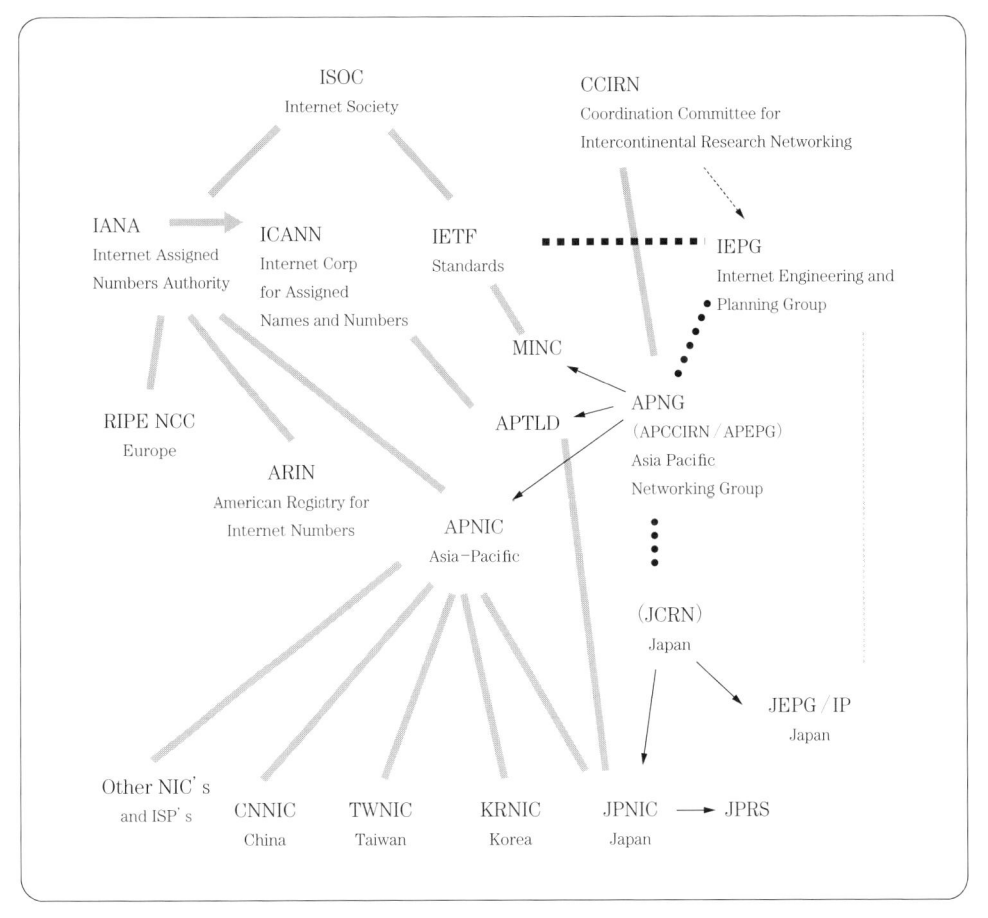

〔1〕**ISOC** ISOC（アイソック）は，インターネットソサエティ（Internet Society）の略称である．インターネットの国際化の象徴的な存在である．団体の性格は学会に似てい

図11.1 国際的なインターネット関連の諸団体

る．ただし，個人会員の会費が安い（例えば，基本会費は 35 ドル，あとに個人会員は無料となった）．法人会員の会費が高い（ランクがあるが，例えば，日本円に換算すると正会員が 100 万円，賛助会員が 10 万円）．この会費の額を見ると業界団体のようにもみえる．

ISOC は **INET** という国際会議を開催していた．ISOC が発足した 1992 年の INET は神戸で開催された．ISOC の初代理事の一人に日本から相磯秀夫 慶應義塾大学教授（当時，現在は東京工科大学学長）が就任した．ISOC が標準化団体であるという理由は，IETF の活動を ISOC の中に位置付けようとしたからである．ISOC が発足するまでの IETF は，米国の **CNRI**（Corcoration for National Research Initiatives）という非営利団体が事務局をつとめていた．いわば米国内の活動であった．

〔2〕 **IETF**　　1 章で IETF（Internet Engineering Task Force）の活動を簡単に紹介した．タスクフォースという用語から連想するのは，少人数のチームであるが，実際に IETF の会合に参加してみると，約 1 000 人もの参加者がいる大きな会議であると分かる．ただし，実際の個別の標準化の討議はワーキンググループ（WG）という単位で行われる．WG の人数は一定しないが，少人数のグループになることもある．WG の一覧は www.ietf.org のページで調べることができる．

ここで注意すべき事実は，IETF の活動は ISOC が設立される以前から行われていることである．ISOC が設立された当時に，IETF を推進している人々の中には ISOC への反発を感じる人もいた．これが収まるのは，ISOC と IETF との役員を兼任した人達の努力，更に ISOC から IETF への運営協力などによる．それでも数年間は落ち着かなかった．IETF の活動によるインターネットの標準化は，いわゆるデファクト標準の好例として引用されることが多い．標準化の成功例としてよく引用される．

〔3〕 **IANA**　　IANA（Internet Assigned Numbers Authority）は，名前からいうと，いかにも偉そうな組織のように響く．実際には南カリフォルニア大学のジョンポステル（Jon Postel，故人）を中心に二，三人のグループで活動をしていた．IANA の活動は，例えば，世界的な IP アドレスの割当の枠組を決めたり，国ごとの.jp というドメイン名を決めたりするわけだから，明らかに国際的である．ただし，プロジェクトとしての IANA は，一貫して米国政府からの予算で運用されていた．インターネットの世界で国際的な標準化といっても背景には常に米国が見え隠れする．

IANA の構造のままでは米国中心（US centric）にすぎるという意見があり，IANA はその後，**ICANN** という団体に移行する．現在は ICANN が，ドメイン名，IP アドレスの枠組を管理している．www.icann.org に詳しい説明がある．

IP アドレスは割当てのブロックの大きさを巡って意見が対立することがある．ドメイン名には先取りの原則がある．ドメイン名と登録商標やサービスマークとの衝突の議論は，時

には裁判を引き起こす．

ICANNは米国の非営利団体で，いわば民間の活動である．これに対してインターネットの枠組の管理を，従来の電気通信（つまり電話の世界）のようにITU-T（国際電気通信連合）の場で進めるべきであるという主張がある．この議論を**インターネットガバナンス**の問題という．インターネットの今後を決める重要な議論である．

〔4〕 **CCIRN**　図11.1の一方にはCCIRN（Coordinating Committee for Intercontinental Research Networking）がある．このCCIRNの存在はあまり知られていない．CCIRNの活動を解説している文献も少ない[14]．ただし，特にアジア太平洋地域にとっては重要な活動の場である．元来は1980年代に米国の政府内でネットワークの調整をするための**FNC**（Federal Networking Council）としてスタートした．これに欧州のネットワークが参加し，アジア太平洋からも参加するようになった．

現在でも年1回の会合を開催しているが，IETFのようにだれでも参加できるわけではなく，各大陸から代表が7名まで参加できる．議論の結果は公開されているが参加者が制限されているため，CCIRNの存在を知らない人も多い．これまで北米，ヨーロッパ，アジア太平洋がCCIRNを構成する「大陸」であった．現在は南米からの参加者もいる．

CCIRNは名前の中の「R」が表しているように，研究用ネットワークの調整をしていた．商用のネットワークが登場するのは1990年になってからである．

〔5〕 **IEPG**　IEPG（Internet Engineering and Planing Group）は，元来はCCIRNの技術部会のような役割を担っていた．IEPGの会合は，CCIRNと同じ会場で共同開催されていた．IEPGの役割は国際的な接続調整である．典型的な接続調整の例は，新たな国際接続が出現するときに届出を受け付けて，経路の**ループ**を回避するように調整する．CCIRNとIEPGとの役割分担は，商用ネットワークが盛んになるまではうまく機能していた．ところが，CCIRNが研究用のネットワークだけをテーマとする会議のため，1993年の会合を最後に，IEPGはCCIRNとの共同開催を止め，それ以降は先に述べたIETFと同じ会場で開催するようになった．

〔6〕 **APNG**　APNG（Asia Pacific Networking Group）は，元来はCCIRNとIEPGにアジア太平洋地域から代表を送るための組織の意味があった．旧称をAPCCRIN/APEPGという．アジアでは商用・学術の境界が明確でない国もある．そこでCCIRNとIEPGが分離開催されるようになったときに，APNGという曖昧な名称に変更して，アジアでは一つの会議で対処できるようにした．APNGはアジア太平洋地域のインターネット関連の団体の中で最も古い．後述のAPNICはAPNGを母体として発足した．

〔7〕 **APNIC**　APNIC（Asia Pacific Network Information Center）の実際の活動は1994年から始まった．最初の活動自体は，8章で述べたように，日本のJPNICの中で引

き受けていた．APNIC をアジア太平洋に設置するという相談は日本だけではできない．APNIC の活動をパイロットプロジェクトとして開始するという相談は 1993 年に APNG（当時の名称は APCCIRN/APEPG）で行われた．

1994 年には，IANA からアジア太平洋の IP アドレスのブロックを割り当ててもらい，APNIC の活動が正式に始まった．

以上の諸団体や会議の相互関連は図 11.1 のように表される．全体を見まわすと，インターネットの発展の陰には米国政府の支援がある．例えば，CCRIN の活動も米国政府から始まっている．それでも国際的に民間を中心に活動をしていくという方針は，ISOC を設立したときから明確であった．現在のインターネットをみて，米国中心の影響がまだ残っていると感じる人が多いと思うが，このような歴史的な背景を理解すれば，その理由が分かるであろう．

11.3 製品のモジュール化とハイブリッドな組織

モジュール化と標準化の関係については 3 章で述べた．ここで再度，モジュール化の意味するところを考えてみよう．

復習しておくと，パソコンはモジュール化されている．異なる製造メーカのパソコンを分解すると，使用している CPU などの部品は共通である．部品を互いに置き換えることができる．自転車もモジュール化されており，自転車のパーツの組み換えが楽に行える．モジュール化されていない工業製品もある．例えば，自動車はモジュール化されていないが，自動車においてもモジュール化が進むと予想している経済学者がいる．

インターネットでは，パソコン単体に限らずに，ネットワークのシステム全体もモジュール化されている．例えば，サーバは A 社の製品，端末は B 社の製品を組み合わせて使うことが可能である．コンピュータネットワークでも昔は同じ製造会社の製品でそろえる必要があった．異なる製造会社の製品を組み合わせることを，特に**マルチベンダ**と呼んだ時代がある．現在ではマルチベンダが当り前になった．それと同時に標準化が重要になった．

標準化が行われると新規参入が容易になる．つまり総合メーカが必ずしも強いわけではない．ある特定の部品だけを扱っている会社が，優れた製品をいろいろな会社に売り込むことができる．その反面では，複数の会社の製品を組み合わせると，利用者側では問題が発生し

たときに知識がないと，何が原因となっているのか判断がつかなくなる．一つの会社の製品で固めている時代には，とにかく，その会社に連絡をすればよかった．

本書では深く分析する余裕がないが，次のような現象が観測されている．昔のコンピュータはメインフレームと呼ばれる巨大な機械であった．それを製造している会社も IBM に代表されるような巨大な会社であった．大きな会社の利点は，個人の失敗があっても会社全体に対する影響が小さい．つまり大きな会社は安定である．

ネットワーク時代になると，小さな会社が活躍している．巨大な会社もモジュール化の時代を迎えると，会社の内部をモジュール化して対応することがある．いわゆる分社化である．会社の組織が小さいと，個人の動機づけが明確になる場合がある．つまり個人の業績が会社の中で見えやすい．

インターネットにかかわる諸団体を組織としてみると巨大なものではなく，種々の組織が相互に関連を持ちながら仕事を分担している．時間の経過とともに仕事の流れや分担に変化が生じることがある．この様子は，コンピュータがモジュール化されているだけではなく，人間社会の方もモジュール化されているようなものだ．結局，インターネットの世界はハイブリッドである．一見すると無秩序のようにみえても，これまでの歴史をみると，大きな動きとしては最適な解をたどってきたように思われる．

11.4 汎用技術としてのインターネット

カナダの経済学者 Richard G. Lipsey は著書[15]の中で人類の歴史上の**汎用技術**（general purpose technology）として**表 11.1** に示す 24 の技術を挙げている．20 番目がコンピュータ，22 番目がインターネットである．ちなみに 21 番目はトヨタの「カンバン方式」（lean production）である．この数字は歴史上で登場した順番であり，重要性や優先度を意味しない．個々の技術の内容は，彼の著書の 5 章および 6 章に詳述されている．

実際にコンピュータもインターネットも，あらゆる分野に適用可能である．両者ともに文字どおりの汎用技術である．実際に多くの分野で使われており，現在ではコンピュータとインターネットが社会の常識となった感がある．1.4 節で述べたように，現在のインターネットのトラヒックの大部分は商用のプロバイダが運んでいる．このような通信事業者に任せておけば，インターネットは健全に発展するのであろうか．

11. 国際的な協調

表 11.1　Lipsey による 24 の汎用技術[15]

汎用技術	発生年代	汎用技術	発生年代
1. 植物の栽培	9000〜8000 BC	13. 鉄　道	19 世紀中ごろ
2. 動物の家畜化	8500〜7500 BC	14. 鋼製汽船	19 世紀中ごろ
3. 鉱石の精錬	8000〜7000 BC	15. 内燃機関	19 世紀終りごろ
4. 車　輪	4000〜3000 BC	16. 電　気	19 世紀末ごろ
5. 筆　記	3400〜3200 BC	17. 自動車	20 世紀
4. 青　銅	2800 BC	18. 飛行機	20 世紀
7. 鉄	1200 BC	19. 大量生産	20 世紀
8. 水　車	中世* 初期	20. コンピュータ	20 世紀
9. 3 本マストの帆船	15 世紀	21. カンバン方式	20 世紀
10. 印　刷	16 世紀	22. インターネット	20 世紀
11. 蒸気機関	18 世紀末〜19 世紀初頭	23. バイオテクノロジー	20 世紀
12. 工　場	18 世紀末〜19 世紀初頭	24. ナノテクノロジー	21 世紀（予想）

＊ 中世とは西ローマ帝国の滅亡（476 年）からルネサンスまで

インターネットの先進国であった米国では，1.3 節で述べたように，1995 年ごろにインターネットにおける政府の役割を減じる動きがあった．その後に政策の変更があり，現在ではインターネットの研究開発に公的な支援が行われている．これは情報通信技術の発展がいまでも続いていることから，企業の自由競争にゆだねるだけでは順調な発展が必ずしも見込めないという理由がある．カナダの国家プロジェクトとして推進されている **CA*net** を運営している Bill St. Arnaud は Lipsey の著書を引用して，次のように語っている．インターネットが自動車や掃除機のような単純な工業製品であれば，政府の役割は小さいであろう．しかし，インターネットは社会の全体を変革する力を持つ．このような汎用技術に関しては政府の関与が不可欠である．カナダの CA*net も政府の支援を受けているプロジェクトの一例である．

11.5　IP 技術によるディジタル統合

これまでのインターネットは，いわゆる「コンピュータ」ネットワークであった．つまりコンピュータを相互に接続してきた．今後のインターネットの姿を考えると，従来にも増して多くの種類のデータを運ぶことになる．

典型的な例は電話である．2 章では古典的な電話とインターネットを対比してみた．実際には世界中のほとんどの電話会社が，近い将来に自社の電話網を IP 技術によって構築する

と宣言している．これは必ずしも電話をインターネットに吸収するという単純な図式ではなく，インターネットのIP技術で電話網を再構築するものと解釈すべきであるが，それでもインターネット技術の適用範囲の拡大には違いない．

このような適用範囲の拡大が，IP技術の発展を促して，インターネットの世界の進歩をもたらす．既にIP電話，あるいはVoIPという形でインターネット技術が電話に応用されている．その結果，遅延時間やパケットの損失などの通信品質の評価方法において，従来のインターネットとは異なる側面が重視されるようになってきた．

放送技術との関連も見逃せない．ディジタル放送になると，放送と通信との連携がいまよりも自然に行えるようになる．既に世界各地で新しい試みが行われている．この影響でインターネット自体も新たな発展をしていくことだろう．

更に，コンピュータ以外の「もの」がネットワークに接続されるようになるだろう．既にセンサーのネットワークや，RFIDのようなタグの情報をネットワークで取り扱うための研究が盛んに行われている．コンピュータに比べると，格段に数の多いノードを扱うようになったときに，インターネットはどのような姿になっているのであろうか．現在のインターネットの技術に留まっていると，例えば，DNSのことだけを考えてみても，規模を十分に拡大できないのではないかと思われる．

今後の世の中の活動は，何を取り上げても情報通信との関連が必ずある．それが社会のインフラストラクチャ（基盤）の役割である．将来のネットワークの姿を展望するためには，現在のインターネットの状況と課題を知ることが役に立つ．本書は，分量こそ小冊子にすぎないが，現在のインターネットの課題を考える材料をそろえたつもりである．本書が読者諸兄の将来へ向けての考察の一助になれば幸いである．

本章のまとめ

❶ インターネットの原型は米国にあった．これが国際化する過程では，さまざまな議論があり，現在の姿に至っている．

❷ インターネットの管理を巡って，国の役割を重視する立場と，民間の活動にできるだけ任せるべきであるという意見がある．具体的な問題に対処するときに，両者の立場の違いが鮮明になる場合がある．

❸ インターネットは完成したものではなく今後も発展を続ける．インターネットが，いろいろなメディアを飲み込むようになると，その結果としてインターネットの側も変化していく．

11. 国際的な協調

●理解度の確認●

問 11.1 米国には.us というドメイン名がある．しかし，米国の多くの利用者は .com,. net,. edu,. org,. gov などのドメイン名を使用している．米国の大学ならば .edu のドメイン名が使えるのに，日本の大学は ac.jp となる．これでは米国に有利なルールになっているといわざるを得ない．なぜ，このような事態になっているのか．

問 11.2 米国政府の予算で運用されていた IANA から非営利の団体 ICANN に移行する際に，ICANN をジュネーブに置くという提案があった．しかし，当時の米国大統領補佐官の I. マガジナー（Ira Magaziner）は，二つの理由を挙げて ICANN を米国のカリフォルニア州に置くべしと反論した．二つの理由とは何であっただろうか．

付録

インターネットのルールとマナー

インターネットは年齢や所属を問わずに社会的に広く使われている．残念なことに，利用者のなかには悪意を持つ人が含まれている．そのような人の悪巧みの被害を受けないように注意を払う必要がある．また，知らないうちに他人の権利を侵害する恐れがある．財団法人インターネット協会は，インターネットのルールとマナーを分かりやすくまとめてWEBで公開している（http://www.iajapan.org/rule/）．

表A.1に同協会のルールとマナーの目次を示す．上記のURLのページを参照すると，各項目の内容が要領よくまとめられていることが分かる．ここではルールとマナーに記述されている事項の概略を紹介しておく．項目は総則と各論とに分かれている．

総則においては，1の**基本事項**に関して，インターネットの利用者の責任と自覚を持つ必要があると述べて，自己責任の原則を説明している．また，1.3の**文字による通信**では，面と向かって直接に会話をする場合に比べて，誤解が生じやすいという注意があり，プロバイダの会員規定をよく読むことから始めるべきとしている．

2の**セキュリティ**では，パスワードの管理に留意すべきこと，容易に推測されるようなパスワードを避けること．親しい間柄でも他人のIDを使わないように注意が書いてある．

プライバシーの保護については，個人情報の取扱いの注意があるほか，ブラウザのクッキーについての記述がある．コンピュータウィルスに感染しないように注意を払い，自分の行為で感染を拡大しないための注意事項がある．更に，不正なネットワーク利用はしないように注意されている．

3の**関連法規**では，インターネットを利用するうえで心得ておくべきことについての説明がある．他人の著作権，商標，肖像権，プライバシーを侵害しないように注意するべきことが記述されている．また，他人の社会的評価を低下させるような情報をホームページに掲載すると民事上，場合によれば刑事上の責任を問われる恐れがあると指摘している．わいせつな文書や画像，風俗営業についての注意事項がある．ねずみ講，未承認医薬品について法律に反する場合があると記述されている．通信販売などに関する法律について，個人が行う通信販売であっても，反復継続するような場合には適用される可能性があると説明してる．個人情報の取扱いについては，詳しい内容は同協会のガイドラインを参照するように勧めている．

各論においては，4の**電子メール**に関して，メールの形式，使用する文字，本文の文章の書き方などにわたって注意事項がある．5の**電子掲示板・ニュースグループ・メーリングリスト**の事項が，電子メールとは別にまとめてある．6の**ホームページ**については，内容が信頼できるものであるか，有料か無料かの区別，関連する法律の注意がある．7の**オンラインショッピング**については，それを利用したり，自分で開く場合の注意がある．末尾に**用語解説**がまとめてある．

全体にコンパクトな分量の中で，分かりやすく記述されており，多くの人に読んでもらえる優れた解説である．

表 A.1　インターネットのルールとマナー（インターネット協会編集）

★インターネットの事故から自分自身を守るための注意事項
☆インターネットにおいて他者に配慮するための注意事項

総　則

1　基本事項
1.1　一般的な注意☆
1.2　自己責任が原則であること★
1.3　文字による通信が主体となること★
1.4　会員規定をよく読むこと☆

2　セキュリティ
2.1　パスワードを管理すること★
2.2　パスワードの管理方法★
2.3　他人のユーザ ID を使わない★
2.4　プライバシーの守り方★
2.5　コンピュータウィルスに注意する★
2.6　コンピュータウィルスへの対策★
2.7　不正なネットワーク利用はしない☆

3　関連法規
3.1　著作権の侵害
3.2　商標の使用
3.3　肖像権の侵害
3.4　プライバシーの侵害
3.5　他人の社会的評価にかかわる問題
3.6　わいせつな文書や画像の発信
3.7　風俗営業
3.8　ねずみ講
3.9　未承認医薬品等の販売，広告
3.10　通信販売
3.11　個人情報の保護

各　論

4　電子メール
4.1　通信の注意★
4.2　電子メールのチェック☆
4.3　通信相手を選ぶ☆
4.4　電子メールの文章の書き方☆
4.5　題名（タイトル，サブジェクト）のつけ方☆
4.6　使用する文字やメール形式の注意☆
4.7　あて先を確認する☆
4.8　ファイルを添付する☆
4.9　チェーンメールに注意する☆
4.10　セキュリティに気をつける★
4.11　虚偽の情報に注意する★
4.12　返事が遅くても怒らない☆
4.13　不愉快な電子メールへの対処★
4.14　受信した電子メールを公開しない☆
4.15　ダイレクトメールに関して☆

5　電子掲示板・ニュースグループ・メーリングリスト
5.1　利用の注意☆
5.2　はじめての参加にあたって☆
5.3　題名（タイトル，サブジェクト）のつけ方☆
5.4　発言には責任を持つ☆
5.5　初心者の失敗には寛容に☆
5.6　アドバイスは謙虚に聞く★
5.7　相手の発言をよく読む★
5.8　他の発言にコメントするときの注意☆
5.9　メーリングリストでの返信☆
5.10　質問をするときの注意☆
5.11　多様性を認める☆
5.12　一方通行の書込みはしない☆
5.13　マルチポストをしない☆
5.14　議論が沸騰しているときほど冷静に☆
5.15　誹謗・中傷しない☆
5.16　個人情報に注意する★
5.17　他人のプライバシーに配慮する☆
5.18　わいせつな画像や文章を載せない☆
5.19　運営管理に協力する☆
5.20　メーリングリストの購読中止☆

6　ホームページ
6.1　内容の信頼性★
6.2　有料か無料かの確認★
6.3　有害なホームページ★
6.4　ホームページ閲覧における法律上の注意★
6.5　作成したホームページの内容に責任を持つ☆
6.6　ホームページの更新日を表示する☆
6.7　作成者の連絡先★
6.8　ホームページ上の電子掲示板★☆
6.9　著作権を侵害しない☆
6.10　誹謗・中傷しない☆
6.11　個人情報に注意する★
6.12　他人のプライバシーに配慮する☆
6.13　わいせつな画像や文章を載せない☆
6.14　ホームページの表示☆
6.15　ファイルサイズの表示☆
6.16　リンクの取扱い☆

7　オンラインショッピング
7.1　オンラインショップの注意★
7.2　トラブルの相談窓口★

用語解説

引用・参考文献

1) V. Cerf and R. Kahn : Arpanet Maps 1969-1990, ACM Computer Communication Review, **20**, 5, pp. 81-110 (Oct. 1990).
2) 尾家祐二，後藤滋樹，小西和憲，西尾章治郎：インターネット入門，岩波講座インターネット第1巻，岩波書店（2001）．
3) 日本データ通信協会監修：わかる工担アナログ3種端末技術，オーム社（1997）．
4) Andrew Tanenbaum : Computer Networks, 4 th ed., Prentice-Hall, 2002. 水野忠則ほか訳：コンピュータネットワーク（原著3版），プレンティスホール出版（1999）．
5) 秋丸春夫，川島幸之助：情報トラヒック理論（改訂版），電気通信協会（2000）．
6) TTC 標準 JJ-201.01，IP電話の通話品質評価法第4版，社団法人情報通信技術委員会，2007年3月15日制定．
7) 総務省：IPネットワーク技術に関する研究会報告書，p.58，図5-4「ENUMにおけるサービス提供例」（2002）．http://www.soumu.go.jp/s-news/2002/020222_3.html
8) 独立行政法人情報通信研究機構（NICT）：次世代ネットワークアーキテクチャ検討会報告書，(2006)．
9) Masahiko Aoki : Towards a comparative institutional analysis, MIT Press (2001). 青木昌彦著（滝澤弘和，谷口和弘共訳）：比較制度分析に向けて，NTT出版（2001）（新装版 2003）．
10) John M. Davidson : An introduction to TCP/IP, Springer Verlag (1988). 後藤滋樹，野島久雄，村上健一郎共訳：はやわかり TCP/IP，共立出版（1991）．
11) Carl Malamud, Stacks — Interoperability in Today's Computer Networks, Prentice Hall (1992). 後藤滋樹，野島久雄，村上健一郎共訳：インターネット縦横無尽，共立出版（1994）．
12) Tomoya Yoshida : Operational routing experience in NTT/OCN, APNIC 19 (2005). http://www.apnic.net/meetings/19/docs/sigs/routing/routing pres-yoshida-routing-experience.pdf
13) JPCERT/CC：インターネットセキュリティトピックス，IP Meeting 2005 (2005) http://www.jpcert.or.jp/present/2005/InternetSecurityTrend 20051209 IWIP.pdf
14) Marshall T. Rose and Daniel C. Lynch : Internet System Handbook, Addison-Wesley (1992). 村井純 監訳：インターネットシステムハンドブック，インプレス（1996）．
15) Richard G. Lipsey, Kenneth I. Carlaw and Clifford T. Bekar : Economic Transformations, General Purpose Techonologies and Long Term Economic Growth, Oxford University Press (2005).

理解度の確認；解説

(1 章)

問 1.1 AUP を遵守すべきであるという意見が大勢を占めた．案内を送った学生がバークレー校に謝罪し，案内を取り下げた．

問 1.2 以下の数値は 2007 年 2 月のデータに基づく．世界のホストカウント = 433 193 199，日本 (jp) = 30 841 523．日本の割合は約 7.12% である．

(2 章)

問 2.1 交換機の設計においては，過度の通話が殺到する場合を考慮していない．設計値を超える発呼が生じると，電話網は役に立たない．例えば対地への出線（通信回線）が確保できないことがある．図 2.4 で説明したように交換機の内部でビジーとなる場合がある．

問 2.2 トラヒック理論には意味がある．個々の利用者の将来の行動は全く予測できない．それでも大勢の利用者を母集団とすると，統計的な性質がある．トラヒック理論は人数の多い集団の特性を記述するものである．

(3 章)

問 3.1 本書の執筆時点で，Assigned numbers というタイトルに正確に合致するのは次のように 20 件ある．RFC 739, RFC 750, RFC 755, RFC 758, RFC 762, RFC 770, RFC 776, RFC 790, RFC 820, RFC 870, RFC 900, RFC 923, RFC 943, RFC 960, RFC 990, RFC 1010, RFC 1060, RFC 1340, RFC 1700, RFC 3232．類似のタイトルを含めると，更に増える．最後の RFC 3232 には今後の管理がオンラインのデータベースに移行するという説明がある．

問 3.2 1〜7 までのレイヤ（層）は OSI の参照モデルの意味と解釈する．その上位層として 8 と 9 を使っている．つまり 1〜7 まではプロトコルの階層に属する技術的な話題とみなす．

(4 章)

問 4.1 一つの例を示す．ホテルの長い廊下に部屋が並んでいるとする．この廊下は狭くて同時に 1 人しか通れない．廊下を通って他の部屋に行きたい人は，まず廊下の様子をうかがう（キャリヤセンス）．だれか他の人が通っていればあきらめて待つ．同時には 1 人しか通れないが，交代に利用すれば皆が通れる（マルチプルアクセス）．もし廊下に出てしまったあとにだれかとぶつかった場合には，自分の部屋に戻って出直す（コリジョンデテクション）．実際の人間どうしならばでは，もう少しうまく行動するだろうが，以上が CSMD/CD の方式にならったホテル廊下の制御法である．

問 4.2 考えられる症状はイーサネットが使えなくなる．終端抵抗を外してしまうと，信号が反射するようになる．これが雑音のようになり，一つの信号しか流れていないのに衝突が起こっているように検知される場合がある．

　　　　　　　　　　　　　　　　　　理解度の確認；解説　　*147*

（5 章）
問 5.1　世界の人口の方が大きい．つまり IPv4 のアドレスを使っていると，1 人に 1 台のコンピュータを配り，それをすべてインターネットに接続するということができない．
問 5.2　この欠点は無限カウント問題として知られている．対策の一例は次のようなものだ．
　新宿から目黒に行くためには渋谷の方向（ベクトル）に行くことになる．つまり新宿よりも渋谷の方が目黒に近い．このような場合には，新宿から渋谷に対して「目黒までの距離」を教える必要がないはずだ．つまり目黒あてのパケットを送り出す方向（ベクトル）には，目黒までの距離を教える必要がない．このように情報の伝達を抑制する技法をスプリットホライズン（split horizon）と呼ぶ．

（6 章）
問 6.1　RFC SMTP は 25 番，TELNET は 23 番である．
問 6.2　well known とは「良く知られた」という意味であるが，ここでは「標準で割当済みのポート番号」の意味を持つ．サーバ側のポート番号は，アプリケーションごとに定めておく．例えば HTTP が 80 番という意味は，ブラウザから Web のサーバに通信する際には，Web サーバの IP アドレスを IP パケットで指定し，ポート番号は 80 番を TCP パケットで指定する．このようにすると，同じサーバの上で複数のアプリケーションプロトコルを走らせても区別ができる．ポート番号の 0 から 1023 まではウェルノウンのポート番号に使われる．

（7 章）
問 7.1　$\dfrac{64 \times 8 \times 1\,024}{500 \times 10^{-3}} = 1.048\,576 \times 10^6\,\text{bps} = 1.048\,576\,\text{Mbps}$
問 7.2　1 GB

（8 章）
問 8.1　JPNIC の関係者が意識したのは，ジャマイカ（jm, Jamaica）とヨルダン（jo, Jordan）である．現在のデータで調べると，このほかに英領ジャージー諸島（je, Jersey）がある．
問 8.2　インシデントの対応，インターネットにおける定点観測，脆弱性情報の提供などが Web で紹介されている（本書の執筆時点の情報に基づく）．

（9 章）
問 9.1　(1) 大規模障害・災害を考慮して，国際回線の端点を別の地点にする．例えば，日本であれば東京と大阪それぞれを端点とし，米国側ではサンフランシスコとロサンゼルスを端点に選ぶ．(2) 太平洋を渡る回線それぞれが同じ経由とならないよう配慮する．例えば，1 本は北回り，もう 1 本は南回りを選ぶようにする．あるいは，障害時に瞬時に北回りから南回りに切り換えてくれるプロテクション機能付きの国際回線を海底ケーブル事業者から借りてもよい．
問 9.2　(1) ISP-A；コンテンツ事業者からの収益は増加する．ISP-X からのトランジット料金も増える．(2) ISP-B；ISP-A とは対等ピアリングなので増減なし（トラヒック増で IX 事業者に払う費用は増える可能性がある）．ISP-Y からのトランジット料金が増える．(3)

ISPX,ISP-Y；トランジット費用増加．特に利用者自体が増えるわけではなく費用だけが増加するため，収益を圧迫することになる．コンテンツ事業者，ISP-X，ISP-Y が費用増になる．この事業者間で対等ピアリングにすれば，上流プロバイダに支払うトランジット費用の増大を防ぐことができる（もちろん，上流プロバイダと交渉して費用を抑えてもらう方法もある）．

(10 章)

問 10.1　利用者の回線を収容するルータにおいて，送信元 IP アドレスが正規のもの以外の通信を遮断する．例えば(1) アクセスリストなどのフィルタを設定する，(2) uRPF（Unicast Reverse Path Forwarding）を用いる，などの方法がある．

問 10.2　DNS 問合せパケット一つ（60 バイト）に対して，3 600 バイトの攻撃トラヒックが発生する．すなわち，攻撃元は標的サーバの 60 分の 1 の帯域，16.7 Mbps あれば十分となる．次に，ゾンビ PC 1 台当りの帯域を 10 Kbps とすると，16.7 Mbps 発生させるには

$$16.7 \times 10^6 \div 10 \times 10^3 = 1\,670 \text{ 台}$$

必要となる．

(11 章)

問 11.1　インターネットは米国にしか存在しなかった．.edu というドメイン名は ARPA ネットにドメイン名が導入された 1984 年から使用されている．これに対して国別のドメイン名は .jp の使用開始が 1989 年である．これでは米国の大学と日本の大学が同じドメイン名のルールに従わないのもやむを得ない．

問 11.2　(1) インターネットの利用者の半分以上が米国にいるという事実．この根拠に使われたのはドメインサーベイの数値である．(2) ICANN の前身の IANA が南カリフォルニア大学にあったこと．結局，ICANN は IANA と同じ場所に設置された．

索引

【あ】
悪意あるソフトウェア ……… 131

【い】
イーサネット ……………… 25
イーサネットアドレス ……… 45
インシデント ……………… 87
インターネット協会 ……… 143

【う】
ウィルス ………………… 87, 115
ウィンドウ制御 ……………… 72

【お】
オーバーフロー …………… 88
オープンリレー …………… 118

【か】
仮想端末 …………………… 60
ガバナンス ……………… 137
完全グラフ ………………… 14

【き】
95%課金 ………………… 108
距離ベクトル形 …………… 52

【く】
クッキー ………………… 143
国別コード ………………… 79
クラス …………………… 40, 48
クラスレス ………………… 48
グレイリスティング ……… 118
クロスバ交換機 …………… 14

【け】
経路制御表 ………………… 49

【こ】
コネクション ……………… 68
コネクション指向 ………… 18
コネクションレス ………… 68

【さ】
再送 ………………………… 70
最短経路 …………………… 51

【し】
サービス妨害攻撃 ………… 121
3-way ハンドシェイク …… 69
参照モデル ………………… 27

【し】
シーケンス番号 …………… 71
次世代ネットワーク ……… 20
衝突検知方式 ……………… 34
自律システム ……………… 95
新世代ネットワーク ……… 21
侵入検知システム …… 128, 130
侵入防御システム …… 128, 130
信頼性のある通信 ………… 68

【す】
スケーリング ……………… 75
スター形 …………………… 34
スタティックルーチング … 51
スーパーノード …………… 63
スパム …………………… 58, 117
スプリットホライズン …… 147
スライディングウィンドウ … 73
スループット ……………… 74

【せ】
脆弱性 …………………… 112
セキュリティ ……………… 87
セキュリティホール ……… 87

【そ】
相互接続点 ………………… 97
ゾンビ PC ……………… 116

【た】
ダイナミックルーチング 50, 51
単一障害点 ………………… 99

【ち】
地域拠点 …………………… 92
遅延時間 …………………… 75

【て】
データグラム …………… 44, 68
データセンター …………… 92
電気通信 …………………… 12
電子メール …………… 57, 143

【と】
同軸ケーブル ……………… 35
トークン方式 ……………… 34
ドメイン名 ……… 8, 46, 78, 80
ドメイン名システム ……… 56
トラヒックエンジニアリング
 ………………………… 105
トラヒック理論 …………… 15
ドラフト …………………… 27
トラブルチケット ………… 81
トランジット …………… 96, 103
トロイの木馬 ……………… 115

【に】
2 線式 ……………………… 12

【ね】
ネットワークアナライザ … 82
ネットワークコンピュータ … 48
ネットワーク部 …………… 40

【は】
ハイパーリンク …………… 61
バス形 ……………………… 34
パスワード ……………… 143
波長分割多重方式 ……… 33, 94
バーナーズリー …………… 61
バンパイア ………………… 36
汎用技術 ………………… 139

【ひ】
ピアリング …………… 96, 104

【ふ】
ファイアウォール ……… 128
ファイル転送 ……………… 59
フィッシング …………… 113
負の指数分布 ……………… 15
プライベートピアリング … 96
ブラウザ …………………… 63
ブラックリスト ………… 118
ブリッジ …………………… 37
フリーリレー ……………… 59
フレーム …………………… 44
文武両道 …………………… 53

【へ】
ペイロード ……………………29
ベストエフォート ………18,68
ヘッダ …………………………28

【ほ】
ポアソン分布 …………………15
ホスト …………………………3
ホスト部 ………………………40
ボットネット ………………116
ポートスキャン ……………115
ポート番号 ……………………56

【ま】
マナー ………………………143
マルウェア …………………131
マルチベンダ ………………138

【め】
迷惑メール …………………117
メトカルフ ……………………32

【も】
モジュール化 …………24,138
モデム …………………………16

【り】
リピータ ………………………37
リング形 ………………………34
リンクステート形 ……………52

【る】
ルータ …………………………45
ループ …………………85,137
ルール ………………………143

【わ】
ワクチン ………………………87

【A】
ACK ……………………………68
Acking Ack ……………………86
ADSL …………………………91
all IP ネットワーク …………21
APNG ………………………137
APNIC …………………78,137
ARP ……………………………46
ARPA ……………………2,78,134
AS ……………………52,78,95
AUP ……………………………4
Avenue ………………………65

【B】
BGP …………………………95,101
Botnet ………………………116

【C】
C&C サーバ …………………116
CA*net ………………………140
CCIRN ………………………137
CDMA …………………………33
CERN …………………………61
CERT …………………………87
CIDR ………………………41,48
CNRI …………………………136
CSMA/CD ……………………35
CSNET ………………………134

【D】
DDoS 攻撃 …………………121
de facto ………………………26
de jure …………………………25
DECnet ………………………62
DKIM ………………………119
DNS …………………………46,56
DNS 増幅攻撃 ………………122
DoS 攻撃 ……………………121
DS ……………………………91

【E】
ENUM …………………………18

【F】
FDM ……………………………33
FMC ……………………………21
FNC …………………………137
FTP ……………………………59
FTTH …………………………91

【G】
gopher ……………………63,64

【H】
HTML …………………………62

【I】
IANA …………………78,136
ICANN ………………………136
IDS …………………………130
IEEE …………………………36
IEPG ………………………137
IETF ……………………6,26,136
IMP ……………………………3
INET ………………………136
Internet 2 ……………………7
InterNIC ……………………78
IPA ……………………………87
IPNG …………………………45
IPS …………………………130
IPv4 ………………………39,45
IPv6 ………………………41,45
IP アドレス …………39,45,78
IP 電話 ………………………17
ISC ……………………………8
ISDN …………………………17
IS-IS …………………………101
ISOC …………………………135
ITU-T ……………………5,137

【J】
Java ……………………………65
JCRN …………………………79
JPCERT/CC ……………………87
JPNIC …………………………78
JPRS ………………………78,81
JUNET ……………………17,78

【K】
KEK ……………………………61

【L】
LAN ……………………………32

【M】
MAC ……………………………36
MAC アドレス ………………45
MIB II ………………………83
MILnet …………………………4
Mosaic ………………………63

【N】
NAP ……………………………7
NCP ……………………………2
NGN …………………………20
NIC ……………………………78
NOC …………………………81
NSF …………………………134
NSFnet …………………………4

【O】
OP 25 B ……………………119
ORBL ………………………118
OSI ……………………………5
OSPF ………………………101

【P】
P 2 P …………………………63

IX ………………………………97

PARC ····························· *32*
pathchar ························· *84*
PON ····························· *91*
PoS ······························ *95*
PPP ····························· *92*
PPPoE ··························· *92*

【R】

RARP ···························· *46*
RFC ·························· *6 , 26*
RFC 822 ························· *57*
RIP ····························· *50*
R 値 ····························· *18*

【S】

SDH/SONET ······················ *94*
SGML ···························· *62*
SMTP ···························· *57*
Smurfing 攻撃 ··················· *122*

Sniffer ··························· *82*
SNMP ···························· *83*
spam ··························· *117*
SPF ···························· *119*
SRI ··························· *2 , 78*
SS ······························ *91*
stop-and-wait ···················· *71*
SYN ····························· *68*
SYN flood ······················ *121*

【T】

TCP ······························ *3*
TDM ···························· *33*
TELNET ························· *60*
TTC ···························· *18*
TTL ···························· *86*

【U】

UDP ···························· *57*

URI ···························· *19*
UTP ···························· *36*

【V】

vBNS ···························· *7*
VoIP ···························· *17*

【W】

WDM ························· *33 , 94*
Web ···························· *61*
WIDE プロジェクト ·············· *79*

【X】

XML ···························· *62*

【Z】

zombie PC······················ *116*

―― 著者略歴 ――

後藤　滋樹（ごとう　しげき）
1973 年　東京大学大学院修士課程修了（数学専攻）
1991 年　工学博士（東京大学）
現在，早稲田大学教授

外山　勝保（とやま　かつやす）
1987 年　東京工業大学大学院修士課程修了（情報工学専攻）
現在，エヌ・ティ・ティ・コミュニケーションズ株式会社所属，
　　　インターネットマルチフィード株式会社出向中

インターネット工学
Internet Engineering　　　　　　　Ⓒ 社団法人　電子情報通信学会　2007

2007 年 9 月 21 日　初版第 1 刷発行
2008 年 10 月 5 日　初版第 2 刷発行

検印省略	編　者	社団法人 電 子 情 報 通 信 学 会 http://www.ieice.org/
	著　者	後　藤　滋　樹 外　山　勝　保
	発 行 者	株式会社　コ ロ ナ 社 代 表 者　牛来辰巳

112-0011　東京都文京区千石 4-46-10
発行所　株式会社　**コ ロ ナ 社**
CORONA PUBLISHING CO., LTD.
Tokyo Japan　　Printed in Japan
振替 00140-8-14844・電話(03)3941-3131(代)
http://www.coronasha.co.jp

ISBN 978-4-339-01840-0
印刷：壮光舎印刷／製本：グリーン

無断複写・転載を禁ずる
落丁・乱丁本はお取替えいたします

1万2千余語を採録した待望の改訂版！

改訂 電子情報通信用語辞典

(社) 電子情報通信学会編
B6判／1306頁／定価14,700円

電子情報通信用語 編集委員会 (五十音順)

委員長	宇都宮 敏男	東京大学名誉教授
幹事	厚木 和彦	電気通信大学教授
	中山 亮一	日本専門用語研究会
	浜田 喬	学術情報センター教授
	吉村 久秉	NTTアドバンステクノロジ株式会社

(肩書は編集当時のもの)

昭和59年に「電子情報通信用語辞典」を発行してから十年余りが経過した。この間集積回路技術，光技術，ディジタル技術，画像技術等々，いずれの分野も短期間で長足の進歩があり，膨大な数の新しい学術用語が随所に用いられるようになった。電子情報通信技術は21世紀に向けての一層重要な社会基盤を形成しつつあり，学術用語は専門分野に局在するものではなくなってきた。また，この分野の用語は，工学分野と理学分野の両方から由来しており，外来語の多用という事情もあるので，用語辞典の改訂をすべく，平成6年から長期間にわたり検討と作業を重ねた結果，ここに「改訂 電子情報通信用語辞典」として発刊の運びになった。この改訂版では進歩の著しい集積回路，光，ディジタル，画像等の分野を補足・充実させ，12,000余語を採録した。また，英和索引を付けて便宜をはかっている。

定価は本体価格+税です。
定価は変更されることがありますのでご了承下さい。

図書目録進呈◆

電子情報通信レクチャーシリーズ

■(社)電子情報通信学会編　　　(各巻B5判)

共通

配本順				頁	定価
A-1		電子情報通信と産業	西村 吉雄 著		
A-2	(第14回)	電子情報通信技術史 —おもに日本を中心としたマイルストーン—	「技術と歴史」研究会編	276	4935円
A-3		情報社会と倫理	辻井 重男 著		
A-4		メディアと人間	原島 博／北川 高嗣 共著		
A-5	(第6回)	情報リテラシーとプレゼンテーション	青木 由直 著	216	3570円
A-6		コンピュータと情報処理	村岡 洋一 著		
A-7	(第19回)	情報通信ネットワーク	水澤 純一 著	192	3150円
A-8		マイクロエレクトロニクス	亀山 充隆 著		
A-9		電子物性とデバイス	益 一哉 著		

基礎

B-1		電気電子基礎数学	大石 進一 著		
B-2		基礎電気回路	篠田 庄司 著		
B-3		信号とシステム	荒川 薫 著		
B-4		確率過程と信号処理	酒井 英昭 著		
B-5		論理回路	安浦 寛人 著		
B-6	(第9回)	オートマトン・言語と計算理論	岩間 一雄 著	186	3150円
B-7		コンピュータプログラミング	富樫 敦 著		
B-8		データ構造とアルゴリズム	今井 浩 著		
B-9		ネットワーク工学	仙石 正和／田村 裕 共著		
B-10	(第1回)	電磁気学	後藤 尚久 著	186	3045円
B-11	(第20回)	基礎電子物性工学 —量子力学の基本と応用—	阿部 正紀 著	154	2835円
B-12	(第4回)	波動解析基礎	小柴 正則 著	162	2730円
B-13	(第2回)	電磁気計測	岩﨑 俊 著	182	3045円

基盤

C-1	(第13回)	情報・符号・暗号の理論	今井 秀樹 著	220	3675円
C-2		ディジタル信号処理	西原 明法 著		
C-3		電子回路	関根 慶太郎 著		
C-4	(第21回)	数理計画法	山下 信雄／福島 雅夫 共著	192	3150円
C-5		通信システム工学	三木 哲也 著		
C-6	(第17回)	インターネット工学	後藤 滋樹／外山 勝保 共著	162	2940円
C-7	(第3回)	画像・メディア工学	吹抜 敬彦 著	182	3045円
C-8		音声・言語処理	広瀬 啓吉 著		
C-9	(第11回)	コンピュータアーキテクチャ	坂井 修一 著	158	2835円

配本順			頁	定価
C-10		オペレーティングシステム 徳田 英幸 著		
C-11		ソフトウェア基礎 外山 芳人 著		
C-12		データベース 田中 克己 著		
C-13		集積回路設計 浅田 邦博 著		
C-14		電子デバイス 舛岡 富士雄 著		
C-15	(第8回)	光・電磁波工学 鹿子嶋 憲一 著	200	3465円
C-16		電子物性工学 奥村 次徳 著		

展開

			頁	定価
D-1		量子情報工学 山崎 浩一 著		
D-2		複雑性科学 松本 隆 編著		
D-3		非線形理論 香田 徹 著		
D-4		ソフトコンピューティング 山川 烈／堀尾 恵一 共著		
D-5		モバイルコミュニケーション 中川 正雄／大槻 知明 共著		
D-6		モバイルコンピューティング 中島 達夫 著		
D-7		データ圧縮 谷本 正幸 著		
D-8	(第12回)	現代暗号の基礎数理 黒澤 馨／尾形 わかは 共著	198	3255円
D-9		ソフトウェアエージェント 西田 豊明 著		
D-10		ヒューマンインタフェース 西田 正吾／加藤 博一 共著		
D-11	(第18回)	結像光学の基礎 本田 捷夫 著	174	3150円
D-12		コンピュータグラフィックス 山本 強 著		
D-13		自然言語処理 松本 裕治 著		
D-14	(第5回)	並列分散処理 谷口 秀夫 著	148	2415円
D-15		電波システム工学 唐沢 好男 著		
D-16		電磁環境工学 徳田 正満 著		
D-17	(第16回)	VLSI工学 —基礎・設計編— 岩田 穆 著	182	3255円
D-18	(第10回)	超高速エレクトロニクス 中村 徹／三島 友義 共著	158	2730円
D-19		量子効果エレクトロニクス 荒川 泰彦 著		
D-20		先端光エレクトロニクス 大津 元一 著		
D-21		先端マイクロエレクトロニクス 小柳 光正 著		
D-22		ゲノム情報処理 高木 利久／小池 麻子 編著		
D-23		バイオ情報学 小長谷 明彦 著		
D-24	(第7回)	脳工学 武田 常広 著	240	3990円
D-25		生体・福祉工学 伊福部 達 著		
D-26		医用工学 菊地 眞 編著		
D-27	(第15回)	VLSI工学 —製造プロセス編— 角南 英夫 著	204	3465円

定価は本体価格+税5%です。
定価は変更されることがありますのでご了承下さい。

図書目録進呈◆

電子情報通信学会 大学シリーズ

(各巻A5判)

■(社)電子情報通信学会編

記号	配本順	書名	著者	頁	定価
A-1	(40回)	応用代数	伊藤 理 正夫／重 悟 共著	242	3150円
A-2	(38回)	応用解析	堀内 和夫 著	340	4305円
A-3	(10回)	応用ベクトル解析	宮崎 保光 著	234	3045円
A-4	(5回)	数値計算法	戸川 隼人 著	196	2520円
A-5	(33回)	情報数学	廣瀬 健 著	254	3045円
A-6	(7回)	応用確率論	砂原 善文 著	220	2625円
B-1	(57回)	改訂 電磁理論	熊谷 信昭 著	340	4305円
B-2	(46回)	改訂 電磁気計測	菅野 允 著	232	2940円
B-3	(56回)	電子計測(改訂版)	都築 泰雄 著	214	2730円
C-1	(34回)	回路基礎論	岸 源也 著	290	3465円
C-2	(6回)	回路の応答	武部 幹 著	220	2835円
C-3	(11回)	回路の合成	古賀 利郎 著	220	2835円
C-4	(41回)	基礎アナログ電子回路	平野 浩太郎 著	236	3045円
C-5	(51回)	アナログ集積電子回路	柳沢 健 著	224	2835円
C-6	(42回)	パルス回路	内山 明彦 著	186	2415円
D-2	(26回)	固体電子工学	佐々木 昭夫 著	238	3045円
D-3	(1回)	電子物性	大坂 之雄 著	180	2205円
D-4	(23回)	物質の構造	高橋 清 著	238	3045円
D-5	(58回)	光・電磁物性	多田 邦雄／松本 俊 共著	232	2940円
D-6	(13回)	電子材料・部品と計測	川端 昭 著	248	3150円
D-7	(21回)	電子デバイスプロセス	西永 頌 著	202	2625円
E-1	(18回)	半導体デバイス	古川 静二郎 著	248	3150円
E-2	(27回)	電子管・超高周波デバイス	柴田 幸男 著	234	3045円
E-3	(48回)	センサデバイス	浜川 圭弘 著	200	2520円
E-4	(36回)	光デバイス	末松 安晴 著	202	2625円
E-5	(53回)	半導体集積回路	菅野 卓雄 著	164	2100円
F-1	(50回)	通信工学通論	畔柳 功芳／塩谷 光 共著	280	3570円
F-2	(20回)	伝送回路	辻井 重男 著	186	2415円

番号	(回)	書名	著者	頁	価格
F-4	(30回)	通信方式	平松啓二著	248	3150円
F-5	(12回)	通信伝送工学	丸林 元著	232	2940円
F-7	(8回)	通信網工学	秋山 稔著	252	3255円
F-8	(24回)	電磁波工学	安達三郎著	206	2625円
F-9	(37回)	マイクロ波・ミリ波工学	内藤喜之著	218	2835円
F-10	(17回)	光エレクトロニクス	大越孝敬著	238	3045円
F-11	(32回)	応用電波工学	池上文夫著	218	2835円
F-12	(19回)	音響工学	城戸健一著	196	2520円
G-1	(4回)	情報理論	磯道義典著	184	2415円
G-2	(35回)	スイッチング回路理論	当麻喜弘著	208	2625円
G-3	(16回)	ディジタル回路	斉藤忠夫著	218	2835円
G-4	(54回)	データ構造とアルゴリズム	斎藤信男・西原清一共著	232	2940円
H-1	(14回)	プログラミング	有田五次郎著	234	2205円
H-2	(39回)	情報処理と電子計算機（「情報処理通論」改題新版）	有澤 誠著	178	2310円
H-3	(47回)	電子計算機Ⅰ ―基礎編―	相磯秀夫・松下 温共著	184	2415円
H-4	(55回)	改訂電子計算機Ⅱ ―構成と制御―	飯塚 肇著	258	3255円
H-5	(31回)	計算機方式	高橋義造著	234	3045円
H-7	(28回)	オペレーティングシステム論	池田克夫著	206	2625円
I-3	(49回)	シミュレーション	中西俊男著	216	2730円
I-4	(22回)	パターン情報処理	長尾 真著	200	2400円
J-1	(52回)	電気エネルギー工学	鬼頭幸生著	312	3990円
J-3	(3回)	信頼性工学	菅野文友著	200	2520円
J-4	(29回)	生体工学	斎藤正男著	244	3150円
J-5	(59回)	新版画像工学	長谷川 伸著	254	3255円

以下続刊

C-7	制御理論	D-1	量子力学
F-3	信号理論	F-6	交換工学
G-5	形式言語とオートマトン	G-6	計算とアルゴリズム
J-2	電気機器通論		

定価は本体価格＋税5％です。
定価は変更されることがありますのでご了承下さい。

図書目録進呈◆

電子情報通信学会 大学シリーズ演習

(各巻A5判，欠番は品切です)

配本順			頁	定価
3.（11回）	数 値 計 算 法 演 習	戸 川 隼 人 著	160	2310円
5.（2回）	応 用 確 率 論 演 習	砂 原 善 文 著	200	2100円
6.（13回）	電 磁 理 論 演 習	熊 谷・塩 澤 共 著	262	3570円
7.（7回）	電 磁 気 計 測 演 習	菅 野 　 允 著	192	2205円
10.（6回）	回 路 の 応 答 演 習	武 部・西 川 共 著	204	2625円
16.（5回）	電 子 物 性 演 習	大 坂 之 雄 著	230	2625円
19.（4回）	伝 送 回 路 演 習	辻 井・石 井 共 著	228	2520円
27.（10回）	スイッチング回路理論演習	当 麻・米 田 共 著	186	2520円
31.（3回）	信 頼 性 工 学 演 習	菅 野 文 友 著	132	1470円

以 下 続 刊

1. 応 用 解 析 演 習 堀内 和夫 他著	2. 応用ベクトル解析演習 宮崎 保光 著
4. 情 報 数 学 演 習 廣瀬 健 他著	8. 電 子 計 測 演 習 都築 泰雄 他著
9. 回 路 基 礎 論 演 習 岸 源也 他著	11. 基礎アナログ電子回路演習 平野浩太郎 著
12. パ ル ス 回 路 演 習 内山 明彦 著	13. 制 御 理 論 演 習 児玉 慎三 著
14. 量 子 力 学 演 習 神谷 武志 他著	15. 固 体 電 子 工 学 演 習 佐々木昭夫 他著
17. 半 導 体 デ バ イ ス 演 習 古川静二郎 著	18. 半 導 体 集 積 回 路 演 習 菅野 卓雄 他著
20. 信 号 理 論 演 習 原島 博 他著	21. 通 信 方 式 演 習 平松 啓二 著
24. マイクロ波・ミリ波工学演習 内藤 喜之 他著	25. 光エレクトロニクス演習
28. ディジタル回路演習 斉藤 忠夫 著	29. デ ー タ 構 造 演 習 斎藤 信男 他著
30. プ ロ グ ラ ミ ン グ 演 習 有田五次郎 著	電 子 計 算 機 演 習 松下・飯塚 共著

定価は本体価格+税5％です。
定価は変更されることがありますのでご了承下さい。

図書目録進呈◆